数控加工工艺课程设计

（第2版）

主　编◎杨天云
副主编◎陈锦麟　牛　冲　杨学华

清华大学出版社
北　京

内 容 简 介

本书共分五个模块，主要内容包括课程设计概述、课程设计基本要求、设计过程、课程设计示例、课程设计训练等。内容全面，深度适宜，重点突出，思路清晰。通过课程设计，学生能够掌握数控加工过程中机床、刀具、夹具及零件表面的加工方法等的选择；掌握如何进行数控加工工艺设计方法及工艺规程的制定，各种加工方法的正确选择；学生能够初步制定中等复杂程度零件的数控加工工艺，分析解决生产中一般工艺问题。通过数控加工工艺课程设计，学生能够迅速适应生产企业的要求，增强自信心，为数控专业的毕业设计做准备，成为"实用型"的高职高专技术人才。

本书适合作为高职高专数控技术专业、模具设计与制造专业、与机械加工专业有关的教材，也可作为相关从业人员或自学者、爱好者的参考用书。

本书封面贴有清华大学出版社防伪标签，无标签者不得销售。
版权所有，侵权必究。举报：010-62782989，beiqinquan@tup.tsinghua.edu.cn。

图书在版编目（CIP）数据

数控加工工艺课程设计 / 杨天云主编. —2 版. —北京：清华大学出版社，2020.12
ISBN 978-7-302-56862-9

Ⅰ．①数… Ⅱ．①杨… Ⅲ．①数控机床—加工工艺—课程设计—高等职业教育 Ⅳ．①TG659-41

中国版本图书馆 CIP 数据核字（2020）第 226267 号

责任编辑：邓　艳
封面设计：刘　超
版式设计：文森时代
责任校对：马军令
责任印制：吴佳雯

出版发行：清华大学出版社
　　网　　址：http://www.tup.com.cn，http://www.wqbook.com
　　地　　址：北京清华大学学研大厦 A 座　　邮　编：100084
　　社 总 机：010-62770175　　邮　购：010-62786544
　　投稿与读者服务：010-62776969，c-service@tup.tsinghua.edu.cn
　　质量反馈：010-62772015，zhiliang@tup.tsinghua.edu.cn
印 刷 者：北京富博印刷有限公司
装 订 者：北京市密云县京文制本装订厂
经　　销：全国新华书店
开　　本：185mm×260mm　　印　张：8.75　　字　数：205 千字
版　　次：2015 年 9 月第 1 版　　2020 年 12 月第 2 版　　印　次：2020 年 12 月第 1 次印刷
定　　价：39.00 元

产品编号：088878-01

前　言

数控加工工艺课程设计的主要目的是让学生将专业理论知识综合应用于生产加工实践的转换环节。本书以数控加工工艺课程设计为主线，系统地介绍数控加工工艺设计的过程、方法、步骤，以及课程设计说明书的编写规范和要求，按生产实际加工过程的要求，对数控加工工艺进行分析和说明，对完成数控加工工艺课程设计具有较强的引导作用。有完整的典型零件数控加工工艺设计实例，方便读者理解和应用，通过借鉴、仿照实例完成各自的数控加工工艺课程课题设计。通过课程设计，学生能够掌握数控加工过程中机床、刀具、夹具及零件表面的加工方法等的选择；掌握如何进行数控加工工艺设计方法及工艺规程的制订，各种加工方法的正确选择；学生能够初步制定中等复杂程度零件的数控加工工艺和分析解决生产中一般工艺问题。

本书主要内容包括课程设计概述、课程设计基本要求、设计过程、课程设计示例、课程设计训练等。内容全面，深度适宜，重点突出，思路清晰。通过数控加工工艺课程设计，学生能够迅速适应生产企业的要求，增强自信心，为数控专业的毕业设计做准备，成为"实用型"的高职高专技术人才。

本书收集大量的训练题，学生可根据自己的实际情况选择，选择的范围大，是一本实用性强、适应面宽的学习及培训教材。可作为数控技术应用专业、数控机床加工专业、模具设计与制造专业的教材或从事数控机床工作的工程技术人员的参考用书。

本书不仅可作为高职院校机械类、近机类、数控技术类、机械制造类、模具制造与设计、计算机辅助制造、机电一体化技术、汽车制造与装配技术等专业的教材，而且还适合作为中职、技校数控专业实习、实训的教材。

本书在编写过程中参考了国内外同行的教材、手册、资料等文献，在此向这些作者表示衷心的感谢。

尽管为本书的编写做了很大的努力，但因水平有限，书中难免存在不足与疏漏之处，恳请读者批评指正。

特此致谢。

编　者

目　　录

模块一　课程设计概述..1
　项目一　课程设计的意义...1
　项目二　课程设计的目的与要求...1
　　任务一　课程设计的目的...1
　　任务二　课程设计的要求...1
　项目三　课程设计的主要内容和步骤...2
　　任务一　课程设计任务书...2
　　任务二　课程设计的步骤要求...2
　　任务三　课程设计的准备工作...3
　　任务四　课程设计的特点...3

模块二　课程设计基本要求..5
　项目一　选题...5
　　任务一　选题类型...5
　　任务二　选题要求...5
　项目二　任务规划...5
　　任务一　主要任务...5
　　任务二　教师职责与学生任务...6
　　任务三　进度计划...6
　　任务四　考核...7
　项目三　任务流程...7
　　任务一　课程设计过程...7
　　任务二　课程设计流程...8
　项目四　设计说明书撰写要求...9
　　任务一　标题...9
　　任务二　署名...10
　　任务三　摘要...10
　　任务四　关键词...10
　　任务五　目录...11
　　任务六　正文...11
　　任务七　设计总结...12
　　任务八　参考文献...12

　　　　任务九　注释 13
　　　　任务十　附录 14
　　项目五　设计说明书编排格式 14
　　　　任务一　版式与用字 14
　　　　任务二　编排式样及字体字号 14
　　项目六　装订顺序 17
　　项目七　答辩准备 18

模块三　设计过程 19
　　项目一　分析设计任务书 19
　　　　任务一　分析零件图，审查结构工艺性 19
　　　　任务二　确定毛坯 19
　　项目二　确定总体加工方案 20
　　　　任务一　拟订零件加工总体方案的注意事项 20
　　　　任务二　工艺方案的校核 21
　　项目三　确定加工工序 21
　　项目四　工序设计 21
　　　　任务一　工序设计步骤 21
　　　　任务二　工件的装夹 22
　　项目五　编写设计说明书、答辩 22
　　　　任务一　设计说明书的作用与要求 22
　　　　任务二　设计说明书的格式 23
　　项目六　注意事项 24

模块四　课程设计示例 25
　　项目一　球头连接件的数控加工工艺设计 26
　　项目二　套类零件的数控加工工艺设计 36
　　项目三　多用传动轴的数控加工工艺设计 47
　　项目四　分度盘的数控加工设计 62

模块五　课程设计训练 77
　　项目一　数控车削加工训练 77
　　项目二　数控钻铣加工训练 87
　　项目三　数控加工中心训练 99

参考文献 109

附录A　课程设计说明书 110
　　附录A-1　课程设计说明书封面 110
　　附录A-2　课程设计说明书目录 111
　　附录A-3　课程设计任务书 112

  附录 A-4 标题栏参考格式...113
附录 B 标准公差数值表..114
附录 C 毛坯的制造方法及其工艺特点..115
附录 D 加工余量..119
附录 E 切削用量..126
附录 F 常用切削液选用表..129

模块一　课程设计概述

项目一　课程设计的意义

数控加工工艺课程设计是在学完了机械加工基础课、专业技术基础课及大部分专业课程之后,进行的"零件数控加工构思全过程"的完整体验,是在零件加工设计构思的过程中,对所学知识进行的综合应用。

项目二　课程设计的目的与要求

任务一　课程设计的目的

课程设计过程是将专业理论知识综合应用于生产加工实践的转换环节。数控加工工艺课程设计是以零件加工工艺编制为主线、以培养数控加工工艺能力为目的的实践教学活动。

课程设计围绕"课题任务"(即围绕零件加工工艺编制和解决数控工序的工艺问题)进行,将知识点与应用点相结合,引导学生有目的、有侧重地应用机械加工理论知识,了解和熟悉零件加工的完整过程。

本次课程设计,主要是让学生综合应用专业知识,同时锻炼和培养学生认真负责、踏实细致的工作作风,培养生产加工协作能力、岗位工作应变能力、灵活创新能力以及择业就业的适应能力等。

任务二　课程设计的要求

(1)巩固和综合应用机械制造技术和数控加工工艺相关理论知识。

(2)能根据加工任务书的相关要求,运用机械加工理论和方法,仿照加工实践过程条件,拟订零件加工总体方案和工艺流程。

(3)进一步理解数控加工与普通加工的异同,即整体分析零件数控加工的工艺流程与编程步骤,合理利用现有生产条件。

(4)培养学生的识图与测绘能力,锻炼学生零件加工过程步骤设计能力和编写相关工艺技术文件等基本技能。

（5）熟悉并熟练应用相关手册、标准、图表等技术资料，在考虑企业加工环境条件下，分析零件加工的技术要求，掌握从事加工工艺、数控程序设计的具体方法和步骤。

项目三　课程设计的主要内容和步骤

确定数控加工工艺课程设计任务时，一般选择具有数控加工典型特征的零件，以任务书的形式布置给学生。

任务一　课程设计任务书

课程设计任务书主要包括以下内容。
（1）设计题目。例如，×××零件的机械加工方案及数控工序加工程序设计。
（2）生产类型。例如，中小批生产。
（3）具体任务要求
① 产品零件图。
② 零件毛坯图。
③ 零件机械加工工艺方案（零件机械加工过程卡）。
④ 数控加工工序卡（含加工坐标位置、装夹示意、刀具卡、走刀路线、加工程序及程序说明图表等）。
⑤ 数控加工工艺课程设计说明书（5000～8000字）。

任务二　课程设计的步骤要求

课程设计时间一般规定在两周之内完成，数控加工工艺课程设计主要有以下几项内容。
（1）绘制产品零件图（A4幅面的标准零件图电子文档），了解零件的结构特点和技术要求。
（2）根据所在企业（实习厂）的生产条件及产品的生产批量，对零件的结构性和工艺性进行分析。
（3）拟订出零件的加工方案（机械加工工艺过程卡或零件的加工工艺路线）。
（4）确定数控加工内容（数控程序设计的内容）。
（5）对选定的工序进行数控加工工艺分析，做好数控工序加工工艺系统选用、编程相关准备及程序单编制等工作。
（6）程序验证、输入及数控工序的加工准备等。
（7）对课程设计进行讨论、总结，并编写设计说明书。

（8）将课程设计说明书、设计任务书、零件图样等整理、装订成册。

（9）总结体会并做好答辩准备。

任务三　课程设计的准备工作

1．知识准备

课程设计前，学生应完成"机械识图""金属材料""公差配合与测量技术""常用机构""常见联接与传动""金工实习""生产基础实习""常见工种的机床基本功能与操作""零件装夹定位""刀具类型与选用""零件加工工艺""数控编程与操作"等课程内容的学习。

2．工具准备

课程设计前，应准备好常用长度测量、角度测量、形位公差测量、表面粗糙度测量等工具仪器。

3．总体要求

课程设计前，应准备好相关资料和手册，熟悉工厂环境与实际加工要求。零件加工总体方案设计应简略、清晰、完整，对于确定数控加工设计的工序，其工序内容应与具体加工条件相适应。

任务四　课程设计的特点

一、学生的主体地位与教师的主导作用

本书课程设计的各项工作都应在教师指导下由学生独立完成。

1．学生主体

学生作为课程设计的主体，应该以主动、积极的态度，充分发挥自主学习、自由思考、好奇探究的能力，从了解课题任务和要求开始，及时收集数控加工相关资料，主动分析问题、解决问题，拟订详细的设计工作计划，认真阅读课程设计指导书，按计划布置循序渐进地完成每部分工作任务。

2．独立思考

在设计过程中，应充分体现自己综合分析问题和独立解决问题的能力，体验职业岗位的实际工作任务，从中获得基本的工作经验。切莫依靠指导教师给信息、给数据、给方法、给程序，避免过分依赖指导教师。

3. 教师主导

教师的作用在于帮助学生了解工厂环境下的零件加工工艺规程、工厂企业的生产协作关系，引导学生的零件加工分析思路，启发学生独立思考，发挥其创造性思维，解答学生的疑难问题，按进度要求进行阶段性检查。

二、分析加工对象

零件的机械加工是一个将其整体拆分成各局部进行工序加工分析，再由局部工序的加工合成零件整体的生产过程。数控加工工艺设计过程是从零件的加工方案总体考虑入手，落实到组成加工方案的具体工序（主要是数控工序加工）设计，最终保证零件的使用（总体）要求。

零件的加工方案与组成加工方案的加工工序密不可分、互相依存、互相制约。在零件加工分析中，应注意先进行零件加工整体方案分析，再进行数控工序加工分析，始终遵守"先概要后详细"的原则，并及时将加工分析中发现的问题和错误结论返回到前阶段的加工方案中调整和修改。

三、成员的分工与协作

本课程设计采用按小组分工协作的模式完成整体任务，这样不仅能解决学生学时有限的问题，还有利于学生在分工与协作中学会合作，培养自己的团队精神。

四、标准与创新

善于了解、学习和继承前人的加工经验，是提高课题完成质量的重要保证，也是机械加工综合能力的体现。数控加工与普通加工密不可分，完成过程中需要工艺技术人员的理论知识、从业经验和灵活、创新的能力。

模块二　课程设计基本要求

项目一　选　　题

任务一　选题类型

在确定课程设计任务时，应尽可能选择具有代表性的、典型特征的零件，如轴套类、支架异形类、箱体壳体类、型腔模具类、各式板类、配合体等实际生产中常见的加工零件。

数控加工工艺课程设计的零件结构应包含有普通机床无法加工或比较难于保证加工质量的，以及用普通机床加工费时、费力、生产效率低的。

按所选用数控机床的不同，课程设计可分别突出数控车削、数控铣削、数控钻削、车削加工中心、镗铣加工中心等不同数控设备加工特点来安排内容。

任务二　选题要求

课程设计的任务（零件图）一般由指导教师指定，也可由学生自行选定后经指导教师审核确定。零件图中的结构、尺寸要求等，必须体现数控加工的优势或加工性能的特点。

在确定数控加工工艺课程设计任务（选题）时，应选择加工工艺路线短且数控加工工序的内容也不太复杂的零件。因为零件加工工艺路线太长，学生会将精力过多地投放到零件的整体加工方案思考中，却忽略了数控加工的侧重内容；而数控加工工序内容过于复杂，学生会忽略对零件加工过程整体方案的思考。

项目二　任　务　规　划

任务一　主要任务

（1）拟订课程设计提纲，分配说明书编写任务，并对设计过程提出统一要求。

（2）对零件进行加工分析，编制机械加工工艺过程卡，在过程卡（加工方案）中选定一个数控工序作为重点设计内容。设计数控加工工艺过程和编制该工序数控加工程序单，并明确设计思路和撰写数控加工工艺设计说明书。

（3）同组学生有计划、有分工、统一协调地完成各自的设计任务。

（4）对拟订的加工方案、参数选择和数据确定结果认真负责，注意将理论与实践相结合，使自己完成的课程设计尽可能在生产应用上可行、技术上先进合理、经济成本上高效低耗。

任务二　教师职责与学生任务

1. 教师的主要职责

指导教师主要承担课程设计的选题（或审题）、学员分组并布置任务，提出课程设计进度计划要求、课程设计说明书格式和排版装订要求，对设计过程疏通引导、疑难问题解答，审核课程设计说明书，综合成绩评定等任务。

2. 学生的主要工作

（1）绘制标准零件图一份。

（2）产品毛坯图、零件图各一张。

（3）拟订零件加工方案，编制零件机械加工工艺过程卡。

（4）编制数控加工工序卡（含加工位置坐标、装夹示意、刀具卡、走刀路线、加工程序及程序说明的图表等）。

（5）编制数控工序加工程序单。

（6）撰写数控加工工艺课程设计说明书一份（5000～8000字）。

（7）设计总结和答辩。

任务三　进度计划

1. 时间计划

根据专业阶段学习需要，一般以1～2周时间为宜。

2. 进度计划

课程设计具体进度包括课题准备、分析零件图、准备零件加工相关资料、绘制零件图和毛坯图、制订零件加工方案、数控加工工艺分析及加工程序设计、撰写设计说明书、讨论及答辩等。课程设计的时间分配如表2-1所示。

表 2-1　课程设计的时间分配

课程设计进度	计划用时间	课程设计进度	计划用时间
课题准备	半天	数控加工工艺分析及加工程序设计	四天
分析零件图、准备零件加工相关资料	半天	撰写设计说明书	两天半
绘制零件图和毛坯图	一天	讨论及答辩	半天
制订零件加工方案	一天半		

任务四　考核

1. 课程设计成绩

学生在规定的计划时间内完成课程设计任务、图样卡片、设计说明书等，送交指导教师审核签字后，应在规定的时间内完成答辩。课程设计成绩一般由设计说明书（论文）成绩、工作态度和答辩成绩三部分组成。

2. 答辩组成员

答辩小组通常由 3~4 名数控教师组成，并聘请 1~2 名企业工程师或工艺师参加。

3. 答辩过程

首先由设计者本人对其设计进行 5~8 分钟的自述和设计说明，然后回答答辩组对设计出的问题。每名学生的答辩总时间一般控制在 20 分钟左右。

4. 成绩评定

根据课程设计说明书中的设计图样、说明书质量、答辩问题的应答质量及课题设计过程的工作态度、独立思考能力、处理问题能力等几方面表现，由答辩小组综合评定学生的成绩。课程设计成绩分为优、良、中、及格、不及格五个等级。

课程设计成绩不及格者必须重做。

项目三　任 务 流 程

任务一　课程设计过程

1. 了解设计任务

认真阅读设计任务书，明确设计任务和设计要求。指导教师可以根据学生的理论基础和应变能力，选择确定难度适中的数控加工设计任务。

2．设计前的准备工作

（1）了解原始资料。原始资料包括零件图样、零件生产批量、毛坯材料和规格、现有机床设备数控系统、编程操作说明书等。

（2）收集资料。收集整理加工场地（车间）机床布局、机床类型及规格型号，现有刀具类型、规格型号，现有夹具与量具类型、规格，工厂生产习惯等。

（3）知识准备。零件加工过程相关的基础性课程知识，参观、见习实际加工操作过程性知识等。

3．拟订课题设计阶段计划提纲

数控加工准备的主要内容是工件毛坯准备、刀具准备、机床准备、夹具准备、零件工艺准备。

指导教师应引导学生针对任务进行加工设计总体规划，主要包括产品图样分析、零件工艺分析、生产加工方案设计、数控加工内容、数控工序加工分析、小组讨论、总结体会、撰写设计说明书等。

4．课程设计各阶段内容和时间的初步分配

对任务内容细化分析，将数控加工工艺课程设计流程步骤、设计各阶段内容、需占用时间分配等，参考课题进度计划要求，拟订学生或小组课程设计提纲和进程时间比例分配表。

5．数控加工程序设计过程

草拟零件的生产加工方案及设计零件加工工艺过程卡，确定数控加工程序设计的工序，做好数控加工分析，编制数控加工工艺文件。

6．编写课程设计说明书

设计说明书包括封面、前言、目录、任务书、正文、设计总结、参考文献等。

编写设计说明书是课程设计总结性的技术文件，是课程设计的重要组成部分，应充分表达设计者的设计思路，应图文并茂，条理清楚，层次分明。

7．结果讨论和准备答辩

指导教师审核课程设计初稿时，应引导学生进行加工方案优化比较，提出修改建议，探讨多种加工方案并比较其加工特点，不断修改和完善课程设计说明书直至定稿，并总结整个设计的过程，感想和体会等，为答辩做准备。

任务二　课程设计流程

课程设计流程如图 2-1 所示。

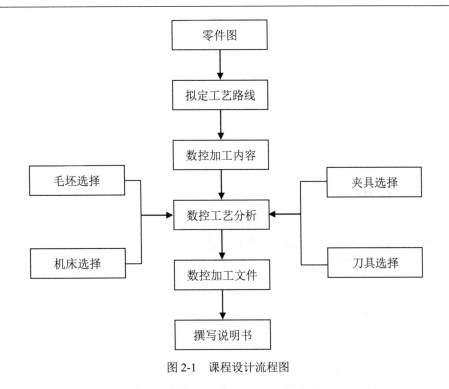

图 2-1　课程设计流程图

项目四　设计说明书撰写要求

课程设计说明书（或毕业论文）的构成要素包括标题、署名、摘要、关键词、目录、引言（绪论）、正文（本论）、结论、致谢、参考文献、注释、附录等。

任务一　标题

古人说"题括文意"是指标题要概括文章的内容，体现文章的主旨或者尽可能体现作者的写作意图。论文的标题一般包括总标题和小标题。

1. 总标题

总标题是文章总体内容的体现，位于首页居中位置，主要有五种形式。
（1）观点式标题。
（2）内容式标题。
（3）议论式标题。
（4）提问式标题。
（5）主副式标题。

2. 小标题

论文（课程设计说明书）必须有层次性，设计小标题主要是为了清晰地显示论文层次。

需要注意的是，社会科学类论文一般采用"'一''二''三'(一)(二)(三)…"这种形式，社会科学类论文的序码一般空两格排列。

自然科学类一般采用"'1.''2.''3.''1.1''1.2''1.3'…"这种形式，自然科学类论文的序码一般顶格排列。

任务二　署名

在课程设计说明书（论文）总标题的下面署上作者的姓名和指导教师的姓名。课程设计应有统一封面，作者和指导教师姓名写在封面指定位置上。

任务三　摘要

摘要是对论文的内容不加注释和评论的简短陈述，应忠实于原文。中文摘要前加"摘要："或"[摘要]"标识。摘要分为报道性摘要和提要性摘要。

报道性摘要即资料性摘要或情报性摘要。它用来报道论文所反映的作者的主要研究的目的、对象、内容、方法、结果、主要数据和成果，向读者提供论文中全部创新内容和尽可能多的定量或定性的信息。尤其适用于试验研究和专题研究类论文，多为学术性期刊所采用。篇幅以200～300字为宜。

指示性摘要即概述性摘要或简介性摘要。它只简要地介绍论文的论题，或者概括地表述研究的目的，对研究手段、方法、过程等均不涉及，仅使读者对论文的主要内容有一个概括的了解，适用于毕业（设计）论文、专业论文等。篇幅以50～100字为宜。

摘要的写作要求如下。

（1）用第三人称。

（2）简短精练，明确具体。

（3）格式要规范。尽可能用规范术语，不用非共知共用的符号和术语。不得简单地重复题名中已有的信息，并切忌罗列段落标题来代替摘要。除了实在无变通办法可用以外，一般不出现插图、表格，以及参考文献序号，一般不用数学公式和化学结构式。不分段。摘要段一般置于作者及其工作单位之后，关键词之前。

（4）文字表达上应符合"语言通顺，结构严谨，标点符号准确"的要求。

任务四　关键词

关键词是为了满足文献标引或检索工作的需要而从论文中选取出的词或词组。

关键词包括主题词和自由词两个部分：主题词是专门为文献的标引或检索而从自然语言的主要词汇中挑选出来并加以规范了的词或词组；自由词则是未规范化的即还未收入主题词表中的词或词组。

关键词是能表征论文主题内容的具有实质意义的中文词语，是从论文标题、内容提要或正文中提取的、能表达论文主题的、具有实质意义的单词或术语。每篇论文一般有3~8个关键词，它们应能反映论文的主题内容，按词语的外延层次从大到小排列，尽可能选用规范词。每个关键词之间应以分号分隔，以便于计算机自动切分。中文关键词前应冠以"关键词："或"［关键词］"，关键词作为论文的一个组成部分，列于摘要段之后。

课程设计中，关键词可以省略。

任务五　目录

数控加工工艺课程设计说明书（论文）篇幅较长、容量也较大，一般需要编写目录。其目的是让读者在阅读此文之前对文章的内容和结构框架大致了解。

目录一般放在论文的前面，层次设置应统一，包括论文的一级标题和二级标题的名称以及对应的页码，附录、参考文献的对应页码。

任务六　正文

正文即论证部分，是论文的核心部分。论文的论点、论据和论证都在这里阐述，因此它要占主要篇幅，正文由绪论、本论、结论三部分组成，这三部分在行文上可以不明确标示，但各部分内容应以若干层次的标题来表示。

（1）绪论。绪论又称引言或前言，目的是引出论题。绪论主要说明本课题研究的理由和意义。

（2）本论。本论是论文的主干部分，作者在这部分对所探讨的课题应做充分、全面、有说服力的论述，提出有创造性的见解。

（3）结论。结论又称结语、结束语，是整篇论文的结局。它主要是对正文分析、论证的问题加以综合性的概括和总结，从而做出结论。

对正文部分写作的总的要求是：明晰、准确，完备，简洁。具体要求有如下几点。

（1）论点明确，论据充分，论证合理。

（2）事实准确，数据准确，计算准确，语言准确。

（3）内容丰富，文字简练，避免重复、烦琐。

（4）条理清楚，逻辑性强，表达形式与内容相适应。

（5）不泄密，对需保密的资料应做技术处理。

任务七　设计总结

示例：通过这次课程设计，让我更加深刻了解课本知识，和对以往知识的疏忽得以补充，在设计过程中遇到一些问题，比如（具体说明），在使用手册时，有的数据很难查出，但是这些问题经过这次设计，都一一得以解决，我相信这本书中还有很多我未搞清楚的问题，但是这次的课程设计给了我相当的基础知识，为我以后工作打下了严实的基础。虽然这次课程时间是短暂的，我感觉到我这些天的所学胜过我这一学期所学，这次任务原则上是设计，其实就是一次大的作业，是让我对课本知识的巩固和对基本知识的熟悉和应用，使我做事的耐心和仔细程度得以提高。课程设计是培训学生运用本专业所学的理论知识和专业知识来分析解决实际问题的重要教学环节，是对所学知识的复习和巩固。同样，也促使了同学们的相互探讨，相互学习。因此，我们必须认真、谨慎、踏实、一步一步地完成设计。此次设计确实使我有收获了。老师的亲切增强了我的信心。

最后，我要感谢我的老师们，是你们的严厉批评唤醒了我，是你们的敬业精神感动了我，是你们的教诲启发了我，是你们的期望鼓励了我，我感谢你们今天为我增添了一副坚硬的翅膀。今天我为你们而骄傲，明天你们为我而自豪。

任务八　参考文献

参考文献也就是参考书目，是为撰写或编辑论著而引用的有关图书资料。按规定，在科技论文中，凡是引用前人（包括作者自己过去的）已发表的文献中的观点、数据和材料等，都要对它们在文中出现的地方予以标明，并在文末（致谢段之后）列出参考文献。对于一篇完整的论文，参考文献著录是不可缺少的。参考文献著录的原则如下。

（1）只著录最必要、最新的文献。
（2）只著录公开发表的文献。
（3）采用标准化的著录格式。文后参考文献表的编写格式：采用顺序编码制时，在文后参考文献表中，各条文献按在论文中的文献序号顺序排列，项目应完整，内容应准确，各个项目的次序和著录符号应符合规定（参考文献表中各著录项之间的符号是"著录符号"，而不是书面汉语或其他语言的"标点符号"，所以不要用标点符号的概念去理解。参考文献按次序列于文后，以"参考文献："（左顶格）或"［参考文献］"（居中）作为标识，以"［1］""［2］…"的形式排列。如遇多个主要责任者，以"，"分隔。一般在主要责任者后面不加"著、编、主编、合编"等词语。

一般应列出主要书刊和网页上文章的目录作为文参考文献，置于文尾，与正文空出一行（或另起一页）。

（1）专著

［序号］著者. 书名. 版本［文献类型格式］. 译者. 版本项（第 1 版不注）. 出版地：出版者，出版年：引文所在页码［引用日期］. 获取和访问路径.

示例：薛华成．管理信息系统．北京：清华大学出版社，1993．

（2）专著中析出的文献

[序号] 作者．题名．见（In）：原文献责任者．书名．版本．出版地：出版者，出版年：在原文献中的位置数量．

示例：黄蕴慧．国际矿物学研究的动向．见：程裕淇编．世界地质科技发展动向．北京：地质出版社，1982：38-39．

（3）论文集中析出的文献

[序号] 作者．题名．文集名．出版地：出版者，出版年：在原文献中的位置．

示例：赵秀珍．关于计算机学科中几个量和单位用法的建议．科技编辑学论文集．北京：北京师范大学出版社，1997：125-129．

（4）期刊中析出的文献

[序号] 著者．题名[文献类型格式]．期刊名，出版年，卷号（期号）：页码[引用日期]．获取和访问路径．

示例：李晓东，张庆红，叶林．气候学研究的若干理论问题[J]．北京大学学报：自然科学版，1999，35（1）：101-106．

（5）报纸中析出的文献

[序号] 作者．题名．报纸名，年-月-日（版次）．

示例：司徒书文．为了孩子警钟长鸣．中国新闻出版报[N]，2006-9-13（5）．

（6）专利文献

[序号] 专利申请者．专利题名．专利国别，专利文献种类，专利号．出版日期．

示例：姜锡洲．一种温热外敷药制备方法，中国专利，881056073．1989-07-26．

（7）技术标准

[顺序号] 起草责任者．标准代号 标准顺序号-发布年 标准名称．出版地：出版者，出版年（也可略去起草责任者、出版地、出版者和出版年）．

示例：全国量和单位标准化技术委员会．GB3100-3102-93 量和单位．北京：中国标准出版社，1994．

（8）学位论文

[序号] 作者．题名：〔学位论文〕．保存地：保存者，年份．

示例：陈淮金．多机电力系统分散最优励磁控制器匠研究：〔学位论文〕．北京：清华大学电机工程系，1988．

（9）会议论文

[顺序号] 作者．题名．会议名称，会址，会议年份．

示例：惠梦君，吴德海，柳葆凯，等．奥氏体-贝氏体球铁的发展．全国铸造学会奥氏林-贝氏体球铁专业学术会议，武汉，1986．

任务九　注释

注释是作者对论文中的有些字、词、句加以必要的解释和注释来源出处。它与参考文献是有所不同的。非必写要素，视情况而定。

解释题名项、作者及论文中的某些内容，均可使用注释。能在行文时用括号直接注释的，尽量不单独列出。

不随文列出的注释叫作脚注。用加半个圆括号的阿拉伯数字 1) 2) 3) 等，或用圈码①②③等作为标注符号，置于需要注释的词、词组或句子的右上角。每页均从数码 1) 或①开始，当页只有 1 个脚注时，也用 1) 或①。注释内容应置于该页地脚，并在页面的左边用一短细水平线与正文分开，细线的长度为版面宽度的 1/4。

需要注意的是，一篇论文不要在文尾既写"参考文献"又加"注释"，以免影响论文格式的美观。

任务十　附录

附录是对正文起补充说明作用的信息材料。非必写要素，一般置于论文的最后部分。

论文中有些内容既与正文关系密切，又有相对的独立性，能体现整篇论文材料上的完整性，但如果写入正文又可能影响正文叙述的条理性、连续性、逻辑性和精练性，这类材料可以写入附录段，有利于读者阅读，掌握正文中的有关内容。此外，还有一些附于文后的文章、文件、图表、公式推演、编写的程序等与论文有着密切关系的资料。

附录中的插图、表格、公式、参考文献等的序号与正文分开，另行编制，如编为"图A1""图B2"；"表B1""表C3"；"式（A1）"；"式（C2）"；"文献〔A1〕"；"文献〔B2〕"等。

项目五　设计说明书编排格式

任务一　版式与用字

文字、图形一律从左至右横排。文字采用通栏编辑，使用规范的简化汉字，忌用异体字、复合字及其他不规范的汉字。

任务二　编排式样及字体字号

1. 封面

（1）文头或文尾。封面顶部居中或封面尾部居中，上下各空一行，固定内容为"×××课程设计"。

（2）论文标题。论文标题用三号黑体加粗，在文头下居中，上下各空两行。

（3）其余项目。系别、专业、班级、学生姓名、学号、指导教师等项目名称用三号黑体，内容用三号楷体，在标题下依次排列，各占一行。

2．摘要及关键词

摘要应另起一页。

（1）"摘要"项目名称用四号黑体，内容用五号宋体，每段起首空两格，回行顶格。

（2）"关键词"项目名称用四号黑体，内容用五号黑体，词间空一格。

摘要及关键词格式如图2-2所示。

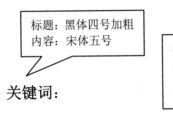

图2-2 摘要及关键词格式

3．目录

目录另起一页。"目录"项目名称用三号黑体加粗，顶部居中；内容用小四号仿宋体。目录格式如图2-3所示。

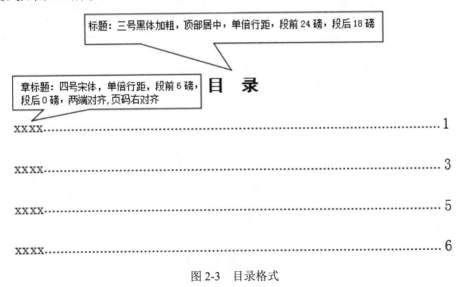

图2-3 目录格式

4．绪论

5．正文

正文另起一页。

（1）论文标题用三号黑体加粗，顶部居中排列，上下各空一行。

（2）文字用五号宋体，每段起首空两格，回行顶格，1.5 倍行距，字间距可适当宽松。

（3）正文文中的小标题格式。

6. 附录

"附录"项目名称用四号黑体加粗，在正文后面空两行顶格排列，内容编排参考正文。

7. 参考文献

"参考文献"项目名称用四号黑体加粗，在正文或附录后面一页；用五号宋体排列参考文献内容。

8. 致谢

另起一页。"致谢"项目名称用四号黑体加粗，另起一行空两格用五号宋体编排内容，回行顶格。

绪论、正文、附录、参考、文献、致谢的格式如图 2-4 所示。

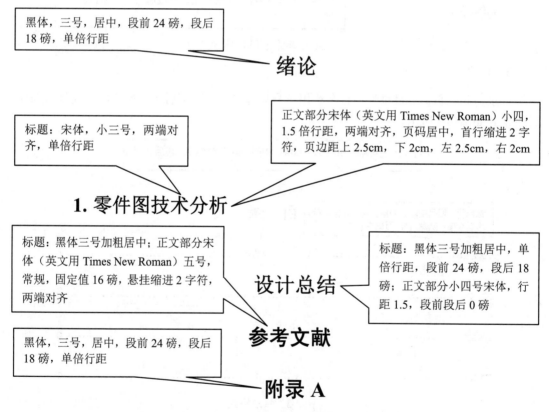

图 2-4　绪论、正文、设计总结、参考文献、附录的格式

9. 表格

正文或附录中的表格一般包括表头和表体两部分，编排的基本要求如下。

（1）表头。表头包括表号、标题、计量单位，用小五号黑体，在表体上方与表格线等宽编排。其中，表号居左，格式为"表 1"，全文表格连续编号；标题居中，格式为"××表"；计量单位居右，参考格式为"（单位：××）"。

（2）表体。表体的上下端线一律使用粗实线（1.5 磅），其余表线用细实线（0.5 磅），表的左右两端应封口（有左右边线）。表中数码文字一律使用小五号字。表格中的文字要注意上下居中与对齐，数码位数应对齐。

表格的格式如图 2-5 所示。

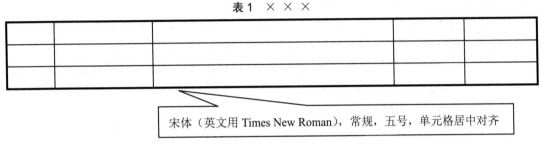

图 2-5　表格的格式

10．图形

图形的插入方式为上下环绕，左右居中。文章中的图形应统一编号并加图名，格式为"图×-××　×××"，用小五号黑体在图的下方居中编排。

安排图位置的原则是先见文后见图，且文和图位尽可能靠近。

11．数字

文章中的数字，除了部分结构层次序数词、词组、惯用词、缩略语、具有修辞色彩语句中作为词素的数字、模糊数字必须使用汉字外，其他均应使用阿拉伯数字。同一文中，数字的表示方式应前后一致。

12．标点符号

文章中的标点符号应正确使用，忌误用、混用标点符号，中、英文标点符号应加以区分。

13．计量单位

除特殊需要外，论文中的计量单位应使用国家法定计量单位。

14．页码

论文全文页码应连续，单面页码位置建议置于右下角，双面页码置于左下角。

项目六　装订顺序

课程设计说明书的装订顺序依次为封面、目录、内容提要（可省略）、任务书、正文（绪论、本论、结论）、致谢、附录（附表）、参考文献、考核表及其他。

项目七 答 辩 准 备

为了锻炼学生的口头表达能力，培养学生的自信心，为其毕业设计做准备，故数控加工工艺课程设计也进行答辩。学生应做如下准备。

（1）课程设计任务完成后，应整理全部图样和说明书，并按要求装订。

（2）个人感想与总结。系统地回顾与总结时，应以课程设计的具体任务和完成顺序为线索，回顾课程设计完整的思路，剖析各部分内容，归纳数控加工工艺设计的一般方法和步骤，分析设计的特点与不足，并改进方案。

（3）小组讨论与互检。

（4）答辩时间。答辩时间控制在 20 分钟左右，其中有 5~10 分钟的自述。

模块三　设　计　过　程

拟订数控加工工艺课程设计的一般过程时，应按以下三部分内容进行。

第一部分，零件总体加工方案设计。

第二部分，数控工序加工步骤及加工程序设计。第一部分与第二部分之间，应用如何确定数控加工内容来进行衔接。

第三部分，整理设计说明书并准备答辩。

项目一　分析设计任务书

产品零件图样、生产纲领和工厂现有生产条件是课程设计的原始资料，根据这些资料确定生产类型和生产组织形式之后，便可拟订数控加工工艺规程。

任务一　分析零件图，审查结构工艺性

1. 明确任务

熟悉设计任务，了解零件性能、功用、工作条件及其所在机器部件（或整机）中的作用。

2. 图样分析

了解零件材料及其热处理工艺的要求，合理选择毛坯的种类并基本确定毛坯的制造方法。

3. 结构工艺性分析

所谓具有良好的结构工艺性，是指在不同生产类型的具体生产条件下，对零件毛坯的制造、零件的加工和产品的装配等，都能采用较经济的方法进行生产的结构状态。

4. 加工方法的确定

确定主要加工表面和次要加工表面的加工方法，拟订零件各表面的加工方案和初步选定。

任务二　确定毛坯

根据零件生产纲领或批量，确定毛坯的类型和制造方法并绘制毛坯图。

1. 常用的毛坯类型

（1）型材。
（2）铸件。
（3）锻件。
（4）焊接件。
（5）压制件。
（6）冲压件。

2. 绘制毛坯图

毛坯尺寸与切削余量大小有关，毛坯图应标注出总体尺寸。

项目二　确定总体加工方案

任务一　拟订零件加工总体方案的注意事项

在拟订工艺路线，尤其是在选择加工方法、安排加工顺序时，要注意以下事项。

1. 表面成形

首先加工能精确定位的基准面，再尽量以统一的精基准定位加工其余表面，并考虑各种工艺手段最适合加工的表面结构。

2. 保证质量

保证质量需要考虑以下几方面。

（1）保证尺寸精度、形状精度和表面相互位置精度达到设计要求。
（2）划分加工阶段，将粗加工、精加工分开。
（3）保证工件无夹压变形。
（4）减少热变形。
（5）采用热处理工艺改善加工条件、消除应力和稳定尺寸。
（6）减小误差。
（7）对某些相互位置精度要求极高的表面，采用互为基准反复加工。

3. 减小消耗，降低成本

发挥工厂的优势和潜力，充分利用现有的生产条件和设备，尽量缩短工艺路线和工艺准备时间，尽量避免贵重稀缺材料的使用和消耗。

4. 提高生产率

在现有数控加工设备的基础上考虑智能化的工艺时，工序内容宜集中，以提高生产效率,保证质量。应尽可能减少工件在车间内和车间之间的流转,必要时考虑采用先进、高效的工艺技术。

5. 选定数控机床和工艺装备

选择机床和工艺装备时,其数控机床型号、规格、精度应与零件总体尺寸大小、精度要求、生产纲领和工厂的具体条件相适应。避免因贪图高、精、尖端要求,而造成设备工装的无谓浪费和操作人员技术局限。

任务二 工艺方案的校核

在完成制定机械加工工艺过程的各步骤后,应对整个工艺过程进行全面的审查和校核。首先,应按各项加工内容要求审核零件加工路线的正确性和合理性,例如,基准的选择是否使累积误差最小,加工方法的选择是否方便可行,加工余量、切削用量等工艺参数是否合理,工序图等图表是否完整、准确等。其次,还应审查工艺文件是否符合相关标准的基本规定。

工艺方案校核审查完成后,一般以零件加工工艺过程卡的形式表达零件的总体加工方案。

项目三 确定加工工序

确定数控加工设计的工序,是零件从加工框架即总体方案,转换到对数控加工局部重点的过渡阶段。确定工序前,应厘清设计思路,即明确零件加工方案框架下的数控加工程序设计。

在确定数控加工内容时,应根据零件结构确定该数控工序的加工方法,并根据所选用数控机床的功能复合程度,重新调整零件总体加工方案。总之,应尽量使工序内容集中,充分体现数控加工优质、高效、低耗的特点。

项目四 工序设计

任务一 工序设计步骤

1. 数控工艺分析

分析已选定的数控加工工序内容、精度、加工方法。

2. 数控加工工序设计步骤

（1）按本工序零件加工部位的结构确定机床的类型和零件加工的装夹位置。

（2）根据本工序零件加工部位的具体尺寸、精度、表面粗糙度和形位公差等要求，确定机床的规格、功能等。

（3）确定零件数控加工的装夹位置，建立加工坐标系，选定本工序用的机床夹具。画出工件装夹位置及加工坐标示意图。

（4）根据加工部位和机床型号确定刀具类型、刀具材料、刀具规格。

（5）具体详细进行数控加工步骤设计，画出走刀路线图。

（6）编制数控工序加工程序单。

任务二　工件的装夹

数控加工的工件装夹定位对数控加工操作难易、夹具功能要求程度、工件质量控制等都有直接的影响。

在数控机床上进行工件装夹与在普通机床上类似，都需要合理确定定位基准和夹紧方案。选择定位方式时应遵循基准选择原则，保证定位需要的定位精度；考虑夹紧方案时要特别注意夹紧力的方向及其作用点，尽量避免夹紧变形或夹伤工件。在数控机床上进行工件装夹与在普通机床上的区别在于，数控工序加工中的定位和夹紧需要更多考虑夹具的快速定位和夹紧程度以最大限度地降低辅助时间，提高加工效率。工件的装夹位置以行程量短，刀具通行方便，不干涉，对刀、加工操作等便于实施为主要参考因素。

项目五　编写设计说明书、答辩

任务一　设计说明书的作用与要求

课程设计说明书是课程设计的总结性文件，是数控加工工艺和加工程序设计的理论依据，也是反映作者设计思想、设计方法及设计结果等的主要技术文件。通过编写说明书，进一步培养学生分析、总结和表达能力，巩固、深化在设计过程中所获得的知识。此外，设计说明书还是指导教师审核学生课程设计的可行性、评判课程设计过程质量及评定课程设计成绩的重要资料和依据。因此，编写课程设计说明书是课程设计工作的重要环节。

（1）层次分明，重点突出，内容应调理清楚、图文并茂，充分表达自己的见解。

（2）应用较强的逻辑性，能完整说明零件的数控加工设计思路、零件的整体加工工艺过程步骤。

（3）零件加工的合理性、经济性，体现数控工序的高精度、高效率等方面的特点。

（4）说明书的编排应从设计开始就及时逐项地记录设计内容、设计参数和计算结果等，在整理资料，分析方案、结论等之后，进行修改整理，并排序装订。

（5）每个设计阶段之后都应及时进行阶段整理，编写该阶段相关部分的说明书，在设计结束后进行总体的综合归纳、整理、修改，才能编写完整的课程设计说明书。

（6）正确的加工参数是一个范围值，计算结果应在保证质量的范围内取整而不是精确到小数点后的某位数字。

（7）应用公式、数据、表格等应该注明来源，文内的数据、公式、图表等应注明参考文献的序号。

（8）课程设计说明书封面应统一格式，说明书完成后装订成册。

任务二 设计说明书的格式

1. 封面

课程设计说明书的封面格式应统一，便于规范和统一管理。说明书的封面格式参见附录 A-1 的课程设计说明书封面样张。

2. 绪论

数控加工工艺课程设计的绪论主要是对数控加工背景、本次设计的目的、理由和意义进行总体描述，让读者对该数控加工设计说明书有一个总体了解。

3. 目录

目录应列出说明书中的各级标题内容及页码，以及设计任务书和附录等内容。

课程设计说明书应列至三级目录，具体格式参见附录 A-2 的课程设计说明书目录样张。

4. 设计任务书

设计任务书一般包含设计条件、设计要求、零件图样等主要内容。设计任务书具体格式及内容参见附录 A-3 的课程设计任务书样张。

5. 说明书正文

说明书正文内容应详细介绍设计过程步骤，主要包括如下内容。

（1）总论或前言。

（2）零件工艺分析。

（3）零件加工工艺过程设计。

（4）分析工艺过程卡，选择确定数控程序设计的工序。

（5）数控工序加工设计。

（6）设计总结。

（7）参考文献。

项目六　注意事项

（1）应先确定零件完整的加工方案。

（2）数控加工工序中，零件的加工位置（编程坐标系）与机床坐标系应有匹配的对应关系。

（3）工件的加工位置坐标应与数控工序加工内容、走刀路线说明等对应，注意换刀的便捷性、走刀路线的开敞性要求。

（4）数控加工中，应尽量采用工序集中原则，以减少辅助时间，提高数控机床的生产率。

（5）应充分利用现有的生产条件和设备，尽量缩短工艺准备时间，减少消耗，降低成本。

（6）设计中，应正确处理原有的参考资料与创新的关系。学生不能盲目抄袭参考资料，必须在具体分析各种资料，借鉴和吸收新的技术成果，运用收集、消化、理解后，创造性地进行设计。

（7）审核、抄画零件图时，应注意遵守机械制图国家标准的最新规定。

（8）编写说明书应该从设计开始中。

（9）说明书应有较强的逻辑性，图文并茂。

模块四　课程设计示例

　　为了方便初次进行数控加工工艺课程设计的学生参考，本模块列举了数控车削、数控钻削和数控铣削等数控加工工艺课程设计实例，主要示范课程设计说明书的编写步骤及基本内容。

　　学生应在教师的指导下，结合自己的课程设计内容，应用专业理论知识解决实践加工问题，做出体现自己数控加工技能水平的课程设计。

　　课程设计说明书应全面、系统地记录课程设计的整个过程。课程设计说明书通常包含以下几部分。

　　（1）封面。
　　（2）目录。
　　（3）设计任务书。
　　（4）绪论。
　　（5）设计说明书正文。
　　（6）设计总结。
　　（7）参考文献。

项目一　球头连接件的数控加工工艺设计

数控加工工艺课程设计说明书

设计题目　　球头连接件的数控加工工艺设计[生产纲领：100件]

　　　　　成绩_____
　　　　　班级_____
　　　　　学号_____
　　　　　指导教师_____

设计日期　　　年　　月　　　日至　　年　　月　　　日

目 录

课程设计任务书
绪论
1．零件图分析
2．零件总体工艺分析
  2.1 毛坯选择
  2.2 工艺分析
  2.3 加工工艺路线
3．零件加工工艺过程卡
4．确定加工工艺内容
5．孔端数控加工设计
  5.1 制定工序 2 的加工步骤
  5.2 确定装夹方案
  5.3 确定数控车床
  5.4 确定数控车削刀具
  5.5 确定切削用量
6．轴端数控加工设计
  6.1 制定工序 3 的加工步骤
  6.2 确定装夹方案
  6.3 确定数控车削刀具
  6.4 确定切削用量
设计总结
参考文献

课程设计任务书

设计要求：1. 绘制"球头连接杆"标准零件图一份。
2. 绘制"球头连接杆"的毛坯图一份。
3. 零件数量为 100 件。
4. 零件机械加工工艺过程卡一份。
5. 数控加工工艺卡一份。
6. 数控加工工艺课程说明书一份（5000 字左右）。
7. 将说明书和相关图样装订成册（A4 尺寸装订）。

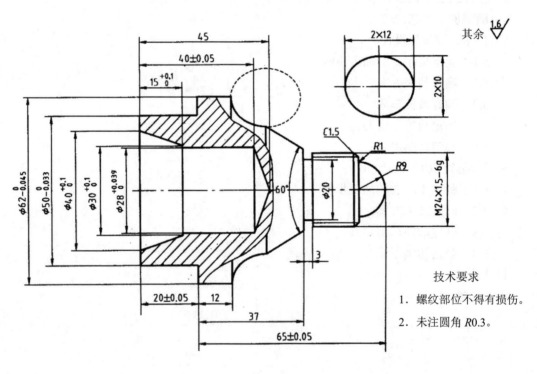

技术要求

1. 螺纹部位不得有损伤。
2. 未注圆角 $R0.3$。

球头连接杆

绪　　论

数控加工工艺课程设计是在学完数控技术应用专业全部基础课程、技术基础课程和专业课程之后进行的，是在进入岗位实践之前，对所学课程的综合整理与应用，是一次理论联系实践的锻炼过程。

课程设计是适应性训练，其目的通过课程设计过程训练，锻炼分析问题和解决问题的能力。

1. 零件图分析

设计任务所给的球头连接件是一个回转结构体，绘制球头连接件的标准零件图，如图4-1所示。

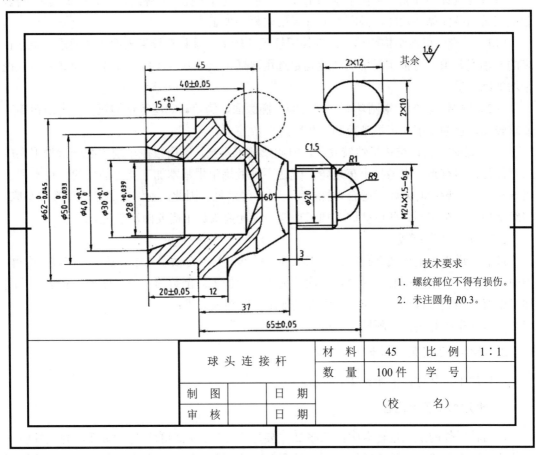

图4-1　球头连接杆

球头连接杆的标准零件结构如图4-1所示，该零件材料为45钢，中小批量生产，无热处理工艺等其他要求。

零件虽为回转体，却在内部、外表及两端均有加工内容，零件的精加工不可能在一次装夹中完成。

零件的轴端分布有球头和螺纹结构，且表面粗糙度要求较高，如果先加工外部结构并作为装夹部位，其螺纹结构极易在调头装夹中被碰伤。

孔的一端壁厚尺寸足够支撑装夹刚性的需要，且内部结构在调头装夹中不易被破坏，故该零件在工艺方案中，应首先加工孔端（零件图示意的左端）。

2．零件总体工艺分析

2.1 毛坯选择

零件为 45 号钢，其长度与直径之比小，刚性好，可以直接按零件总长尺寸再加上两端车端面的余量后下料。

2.2 工艺分析

本课程设计零件属于数控车削加工设计，主要包含内孔、外螺纹、外圆和椭圆等结构，粗加工采用端面循环功能，椭圆部分宜采用宏程序加工。

（1）孔端。虽然结构简单，但内外圆柱尺寸较多，且具有较高表面质量要求，隐含较高的同轴度要求，可按实际生产环境确定选用普通卧式或数控车床（本课程设计采用数控车增加练习量）。

（2）轴端。轴的一端圆球面、螺纹面、椭圆面、倒角、购超等结构较多，表面粗糙度要求较高，普通车削加工很难控制，故应选择数控车。

（3）总体。工件结构虽然较复杂，但质量要求不高，选用数控车削中心一次加工完成虽然简便，但有点儿大马拉小车之嫌，既达不到锻炼学生基本加工能力的目的，也不利于引导学生加工设计时兼顾考虑合理性、可行性、经济性。因此，本例选用经济型数控车床。但经济型数控车床不具备自动调头加工功能，因此两头加工需要两次装夹。

2.3 加工工艺路线

最后一道工序采用装夹孔端已加工表面（精基准），将轴端（球头部分、螺纹、沟槽、锥面、椭圆槽、圆柱面等）内容在一次装夹中完成加工；倒数第二道工序加工孔端，孔端加工中直接装夹棒料毛坯。因此，零件的加工工艺路线如下：

下料→车削孔端→车削轴端→检验→入库。

3．零件加工工艺过程卡

零件加工工艺过程卡如表 4-1 所示。

4．确定加工工艺内容

该回转零件的工艺过程卡中，工序 2 主要加工左端。左端的结构为端面、外圆柱面、圆柱孔、圆锥孔等，孔结构的圆柱面和外圆精度较高，应粗、精加工分开，采用精镗保证孔加工质量；在普通车床或经济型数控车床上加工都能较经济和方便地控制左端加工质量。本次设计将孔端加工放在数控车床上进行加工分析。

表 4-1 零件加工工艺过程卡

机械加工工艺过程卡		零件	图号	材料	件数	毛坯类型	毛坯尺寸
		球头连接件	0001	45	小批量	棒料	见毛坯图
工序号	工序名称	工序				机床	工装
1	下料	按 φ65mm×450mm 准备坯料,每毛坯加工 5 个工件				锯床	V 形压板夹具
2	车削	粗、精车左端(孔端)各部,保证尺寸精度要求				数控车床	三爪自定心卡盘
3	车削	以 φ62mm 外圆装夹定位,车削右端(轴端)各部至图样要求				数控车床	三爪自定心卡盘(软爪)
4	钳工	清理,打标牌印记					
5	检验	按图检验个档尺寸					千分尺、螺纹规、椭圆样板等量具
6	入库						
×××厂		工艺设计		日期		共 页	共 页

工序 3 加工右端。右端的圆弧加工内容如果在普通车床上不易控制加工质量,用双手操作法加工圆弧需要操作者高超的车削加工经验和技能水平,并且该加工方法在普通车床上也仅限于单件生产。圆弧面、椭圆弧面的加工如果在数控机床上加工,则是最能发挥数控加工优势的内容之一。椭圆的加工采用数控机床宏程序功能简单易行。

因此,将工艺路线中的工序 2、工序 3 确定在经济型数控车床上加工,并且进行数控加工工艺分析。

5. 孔端数控加工设计

5.1 制定工序 2 的加工步骤

车端面→粗车外圆→钻孔→镗孔→精车外圆。遵循"先内后外"加工原则,尽量保护已加工面不被加工或装夹过程碰伤。

5.2 确定装夹方案

孔端数控车削加工时,由于是棒料毛坯,伸出部分较短且刚性足,尺寸精度要求不太高,故采用三爪自定心卡盘装夹足以保证加工要求。

5.3 确定数控车床

FANUC 0i Mate—TC,台湾友嘉精机数控车床。

5.4 确定数控车削刀具

孔端加工工序共需 3 把刀,1 号刀为外圆车刀,2 号刀为 φ27mm 的麻花钻,3 号刀为镗孔刀,镗刀杆的尺寸根据孔的大小选择,应避免与孔径碰撞。

数据工序刀具类型及编号如图 4-2 所示。

5.5 确定切削用量

车外圆时,主轴转速为 S=500r/min,粗加工进给速度 0.3mm/r,精加工进给速度 0.1mm/r;钻孔转速为 S=600r/min,粗镗孔加工进给速度 0.1mm/r,精镗孔加工进给速度 0.05mm/r。

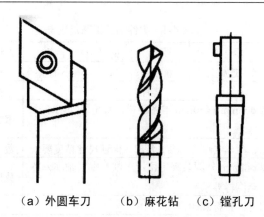

（a）外圆车刀　（b）麻花钻　（c）镗孔刀

图 4-2　数控工序（左端）刀具类型及编号

6. 轴端数控加工设计

6.1　制定工序 3 的加工步骤

根据零件形状分析，毛坯直径为 $\phi65mm$，右端最小处直径 $\phi18mm$，加工余量大，宜采用粗加工端面循环简化编程；椭圆部分采用宏程序加工。轴端数控车削加工位置坐标示意图如图 4-3 所示。

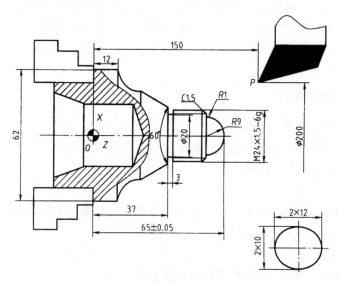

图 4-3　轴端数控车削加工位置坐标示意图

数控车工序 3 的加工步骤如下。

（1）平端面，循环粗车外圆。
（2）精加工外圆、椭圆。
（3）切退刀槽。
（4）车螺纹。

6.2　确定装夹方案

轴端定位装夹方案如图 4-3 所示。

6.3 确定数控车削刀具

因该数控工序加工工艺系统均为常用的机床、夹具、量具，故省略其介绍，只列出刀具和切削用量。

根据加工要求需选用 4 把刀具，1 号刀具端面车刀，2 号刀具选副偏角为 30°的外圆车刀，3 号刀具为宽 3mm 的车槽刀，4 号刀具为螺纹车刀，如图 4-4 所示。

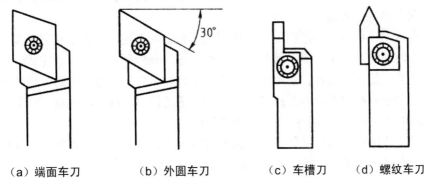

（a）端面车刀　　（b）外圆车刀　　（c）车槽刀　　（d）螺纹车刀

图 4-4　结构类型

刀具类型、编号如表 4-2 所示。

表 4-2　刀具与切削用量

加工内容	刀具号	刀具名称	主轴转速	进给速度
端面、外圆	T01	端面车刀	500	0.1～0.25
精车外圆、椭圆	T02	外圆车刀	600	0.1～0.15
车槽	T03	车槽刀	500	0.1
车螺纹	T04	螺纹车刀	300	1.5

6.4 确定切削用量

设 计 总 结

　　通过课程设计，我对数控技术应用专业有了更深一层的认识，同时也体会到了团队所展现的协同合作力量的强大。

　　在完成这次课程设计的过程中，我认识到了自己的不足，明白了自己所学的仅仅局限于课本，学习技能并不是一蹴而就的。通过对课题的分析到最终的作业完成，这使我在其中收获了许多。绘图、编程、查资料……也从中培养了自己的独立能力。虽然在此过程中遇到了很多的难点和问题，但通过老师和同学的帮助得到了解决，并从中获取了许多宝贵的知识，同时也认识到了理论结合实际的重要性。

　　在此我要感谢我的指导老师，他给我们分析了零件加工的大体方向，使我们对这个零件分析加工有了更清楚的头绪，使我们这个小组能更好地完成课程设计。

参 考 文 献

[1] 美国可切削数据中心. 机械加工切削数据手册[M]. 北京：机械工业出版社，1997.
[2] 北京第一通用机床厂. 机械工人切削手册[M]. 北京：机械工业出版社，1999.
[3] 陈宏均. 实用机械加工工艺手册[M]. 北京：机械工业出版社，1997.
[4] 范忠仁，陈世忠. 刀具工程师手册[M]. 黑龙江：黑龙江科学技术出版社，1997.
[5] 张耀宸. 机械加工工艺设计实用手册[M]. 北京：航空工业出版社，1997.
[6] 董玉红. 数控技术[M]. 北京：高等教育出版社，2000.
[7] 杨友君. 数控技术[M]. 北京：机械工业出版社，2000.
[8] 华茂发. 数控加工工艺[M]. 北京：机械工业出版社，2002.

项目二　套类零件的数控加工工艺设计

数控加工工艺课程设计说明书

设计题目　<u>锥孔螺母套零件的数控加工工艺设计[生产纲领：中批]</u>

成绩_____

班级_____

学号_____

指导教师_____

设计日期　　　年　　月　　日至　　年　　月　　日

目 录

课程设计任务书
绪论
1. 零件图分析
2. 工艺设计
    2.1 加工方案的确定
    2.2 定位基准和装夹方式
3. 加工工艺的确定
4. 工序 1
    4.1 工序卡
    4.2 刀具卡
5. 工序 2
    5.1 工序卡
    5.2 刀具卡
    5.3 刀具调整图
6. 工序 3
    6.1 工序卡
    6.2 刀具卡
    6.3 刀具调整图
7. 工序 4
    7.1 工序卡
    7.2 刀具卡
    7.3 刀具调整图
8. 进给路线
设计总结
参考文献

课程设计任务书

设计要求：1. 绘制锥孔螺母套标准零件图一份。
2. 绘制锥孔螺母套的毛坯图一份。
3. 零件数量为 100 件。
4. 零件机械加工工艺方案（零件加工过程卡）一份。
5. 数控加工工艺卡一份。
6. 数控加工工艺课程说明书一份（5000 字左右）。
7. 将说明书和相关图样装订成册（A4 尺寸装订）。

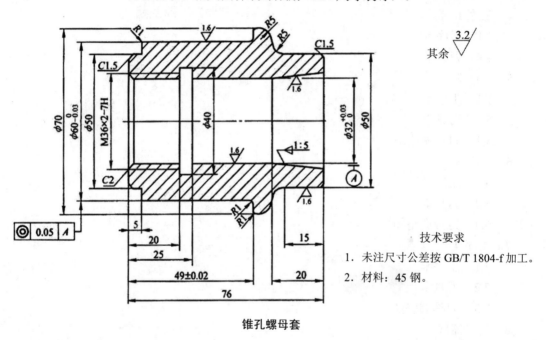

技术要求
1. 未注尺寸公差按 GB/T 1804-f 加工。
2. 材料：45 钢。

锥孔螺母套

绪　　论

略

1. 零件图分析

绘制锥孔螺母套标准零件图，如图 4-5 所示，锥孔螺母套零件表面由内外圆柱面、内圆锥面、顺圆弧、逆圆弧及内螺纹等表面组成。其中 $\phi60_{-0.03}^{0}$ mm、$\phi32_{0}^{+0.03}$ mm 内外圆柱面的尺寸精度较高，$\phi60_{-0.03}^{0}$ mm、$\phi50$ mm、$\phi32_{0}^{+0.03}$ mm 圆柱面及内圆锥面的表面粗糙度 Ra 值为 1.6μm，要求较高。零件图尺寸标注完整，符合数控加工尺寸标注要求；轮廓描述清楚完整；零件材料为 45 钢，加工切削性能较好，无热处理和硬度要求。

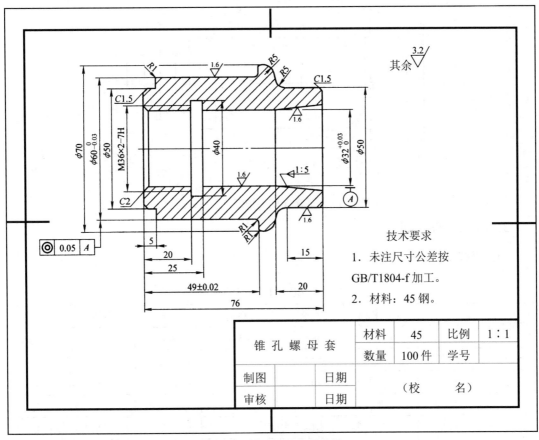

图 4-5　锥孔螺母套零件图

2. 工艺设计

2.1　加工方案的确定

（1）外轮廓各部：粗车→精车。

(2) 右端内轮廓各部：钻中心孔→钻孔→粗镗→精镗。

(3) 左端内螺纹：加工螺纹底孔→切内沟槽→车螺纹。

2.2 定位基准和装夹方式

(1) 内孔加工。

① 定位基准：内孔加工时以外圆定位。

② 装夹方案：用三爪自定心卡盘装夹。

(2) 外轮廓加工。

① 定位基准：确定零件轴线为定位基准。

② 装夹方式：加工外轮廓时，为了保证同轴度要求和便于装夹，以工件左端面和 $\phi 32$ 孔轴线作为定位基准，为此需要设计一心轴装置（见图 4-6 中双点画线部分），用三爪卡盘夹持心轴左端，心轴右端留有中心孔并用顶尖顶紧以提高工艺系统的刚度。

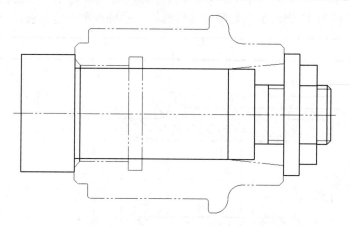

图 4-6 外轮廓车削心轴定位装夹方案

3．加工工艺的确定

加工路线如表 4-3 所示。

表 4-3 机械加工工艺过程卡

机械加工工艺过程卡	零件名称	零件图号	材料	件数	毛坯	毛坯尺寸
	锥孔螺母套	0003	45 钢	500	棒料	$\phi 72\text{mm}$
序号	工序名称	工序内容		使用设备	工装	
1	车	下料：$\phi 71\text{mm} \times 78\text{mm}$		卧式车床	三爪自定心卡盘	
2	数车	加工左端内沟槽、内螺纹		数控车床	三爪自定心卡盘	
3	数车	粗、精加工右端内表面		数控车床	三爪自定心卡盘	
4	数车	加工外表面		数控车床	心轴装置	
5	检验	按图样要求检查各部尺寸及公差				
6	入库	清洗，加工表面涂防锈油，入库				
编制		审核	批准	年 月 日	共 页	第 页

4. 工序 1

4.1 工序卡

工序卡如表 4-4 所示。

表 4-4 工序 1 的工序卡

机械加工工序卡		产品名称	零件名称	材料	零件图号
			锥孔螺母套	45 钢	
工序号	程序编号	夹具名称	夹具编号	使用设备	车间
1		三爪自定心卡盘			

工步号	工步内容	刀具号	主轴转速 /(r/min)	进给速度 /(mm/r)	背吃刀量 /mm	备注
1	平端面	T01	600	0.1	0.5	
2	车外圆 ϕ71mm×78mm	T01	500	0.2	0.5	
3	钻中心孔	T02	800	0.1	2.5	
4	钻孔 ϕ30mm×80mm	T03	230	0.1	15	
5	切断，保证总长 78mm	T04	400	0.1	4	
编制		审核		批准	年 月 日	共 1 页 共 1 页

4.2 刀具卡

刀具卡如表 4-5 所示。

表 4-5 工序 1 的刀具卡

数控加工刀具卡		工序号	产品名称	零件名称	零件图号	材料	程序编号
		1		锥孔螺母套		45 钢	
工步号	刀具号	刀具名称及规格		加工表面		刀尖半径/mm	备注
1	T01	95°右偏外圆刀		外圆、端面		0.8	硬质合金
2	T02	ϕ5mm 中心钻		钻中心孔			高速钢
3	T03	ϕ30mm 钻头		钻 ϕ30mm 底孔			高速钢
4	T04	切断刀（B=4mm）		切断			硬质合金
编制		审核		批准		年 月 日 共 1 页	第 1 页

5. 工序 2

5.1 工序卡

工序卡如表 4-6 所示。

表 4-6 工序 2 的工序卡

机械加工工序卡			产品名称	零件名称	材料	零件图号
				锥孔螺母套	45 钢	
工序号	程序编号	夹具名称	夹具编号	使用设备		车间
2		三爪自定心卡盘				

工步号	刀具号	工步内容	主轴转速 /(r/min)	进给速度 /(mm/r)	背吃刀量 /mm	备注
1	T02	镗孔 ϕ34mm×21mm	600	0.15	1	
2	T03	车内沟槽	250	0.08	4	
3	T04	车内螺纹	600			
编制		审核		批准	年 月 日	共1页 第1页

5.2 刀具卡

刀具卡如表 4-7 所示。

表 4-7 工序 2 的刀具卡

数控加工刀具卡		工序号	产品名称	零件名称	零件图号	材料	程序编号
		2		锥孔螺母套		45 钢	
工步号	刀具号	刀具名称及规格		加工表面		刀尖半径/mm	备注
1	T01	95°右偏外圆刀		端面		0.8	硬质合金
2	T02	镗刀		内表面		0.8	硬质合金
3	T03	内切槽刀（B=5mm）		内沟槽		0.4	高速钢
4	T04	内螺纹刀（B=4mm）		内螺纹			硬质合金
编制		审核		批准		年 月 日	共1页 第1页

5.3 刀具调整图

刀具调整图如图 4-7 所示。

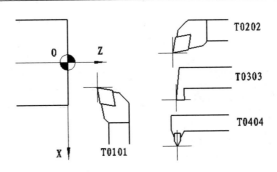

图 4-7 工序 2 刀具调整图

6. 工序 3

6.1 工序卡

工序卡如表 4-8 所示。

表 4-8 工序 3 的工序卡

机械加工工序卡			产品名称	零件名称	材料	零件图号
				锥孔螺母套	45 钢	
工序号	程序编号	夹具名称	夹具编号	使用设备		车间
3		三爪自定心卡盘				
工步号	刀具号	工步内容	主轴转速 /(r/min)	进给速度 /(mm/r)	背吃刀量 /mm	备注
1	T01	粗镗内表面	600	0.2	0.7	
2	T02	精镗内表面	1000	0.1	0.3	
3	T04	车内螺纹	600			
编制		审核		批准	年 月 日	共1页	第1页

6.2 刀具卡

刀具卡如表 4-9 所示。

表 4-9 工序 3 的刀具卡

数控加工刀具卡		工序号	零件名称	零件图号	材料	程序编号
		3	锥孔螺母套		45钢	
工步号	刀具号	刀具名称及规格	加工表面		刀尖半径/mm	备注
1	T01	95°右偏外圆刀	端面		0.8	硬质合金
2	T02	粗镗刀	内表面		0.8	硬质合金
3	T03	精镗刀	内表面		0.4	硬质合金
编制		审核	批准		年 月 日 共1页	第1页

6.3 刀具调整图

刀具调整图如图 4-8 所示。

7. 工序 4

7.1 工序卡

工序卡如表 4-10 所示。

7.2 刀具卡

刀具卡如表 4-11 所示。

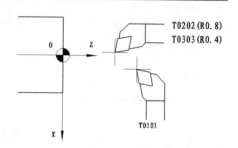

图 4-8 工序 3 刀具调整图

表 4-10 工序 4 的工序卡

机械加工工序卡			产品名称	零件名称	材料	零件图号
				锥孔螺母套	45钢	
工序号	程序编号	夹具名称	夹具编号		使用设备	车间
4		三爪自定心卡盘				

工步号	刀具号	工步内容	主轴转速/(r/min)	进给速度/(mm/r)	背吃刀量/mm	备注
1	T01	粗车右端外轮廓	400	0.2	1	1
2	T02	粗车左端外轮廓	400	0.2	1	2
3	T03	精车右端外轮廓	600	0.1	0.3	3
4	T04	精车左端外轮廓	600	0.1	0.3	4
编制		审核	批准		年 月 日 共1页	第1页

表 4-11 工序 4 的刀具卡

数控加工刀具卡	工序号	零件名称	零件图号	材料	程序编号	
	4	锥孔螺母套		45 钢		
工步号	刀具号	刀具名称及规格		加工表面	刀尖半径/mm	备注
1	T01	95°右偏外圆刀（80°菱形刀片）		端面	0.8	硬质合金
2	T02	95°左偏外圆刀（80°菱形刀片）		内表面	0.8	硬质合金
3	T03	95°右偏外圆刀（80°菱形刀片）		内表面	0.4	硬质合金
4	T04	95°左偏外圆刀（80°菱形刀片）		内表面	0.4	硬质合金
编制		审核	批准	年 月 日	共 1 页	第 1 页

7.3 刀具调整图

刀具调整图如图 4-9 所示。

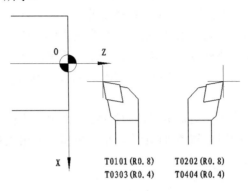

图 4-9 工序 4 刀具调整图

8. 进给路线

粗加工外轮廓的走刀路线略，精加工外轮廓的走刀路线如图 4-10 所示。

数控加工走刀路线图		工序号	4	工步号	4	程序号	O1000
机床型号	XH714	加工内容		精加工外轮廓		共 7 页	第 7 页

							精加工外轮廓的走刀路线	
							编程	
							校对	
							审批	
符号	○	⊗	⊕	○	→	⇁	⌒	⇁
含义	抬刀	下刀	程序原点	起刀点	进给方向	进给线相交	铰孔	行切

图 4-10 精加工外轮廓

设 计 总 结

略

参 考 文 献

[1] 刘永利．数控加工工艺[M]．北京：机械工业出版社，2012．

[2] 杨丰．数控加工工艺[M]．北京：机械工业出版社，2012．

[3] 杨天云．数控加工工艺[M]．北京：北京交通大学出版社，2013．

[4] 张秀珍．数控加工课程设计指导[M]．北京：机械工业出版社，2012．

[5] 陈建军．数控铣床与加工中心操作与编程训练及实例[M]．北京：机械工业出版社，2008．

[6] 王灿，张改新．数控加工基本实训教程[M]．北京：机械工业出版社，2007．

[7] 蔡继红．车工技能训练与考级[M]．北京：机械工业出版社，2009．

项目三　多用传动轴的数控加工工艺设计

数控加工工艺课程设计说明书

设计题目　<u>多用传动轴的数控加工工艺设计[生产纲领：80件]</u>

成绩_____

班级_____

学号_____

指导教师_____

设计日期　　年　　月　　日至　　年　　月　　日

目　录

课程设计任务书
绪论
1. 零件总体分析
　　1.1　零件图样分析
　　1.2　零件毛坯图
2. 零件工艺分析
　　2.1　零件加工分析
　　2.2　确定零件加工方案
3. 机械加工工艺过程卡
4. 确定数控加工内容
5. 数控加工工艺分析
　　5.1　数控工序主要加工内容
　　5.2　机床选择
　　5.3　确定装夹方案
　　5.4　刀具的选择
　　5.5　确定加工顺序
　　5.6　走刀路线
设计总结
参考文献

课程设计任务书

设计要求：1. 绘制"多用传动轴"标准零件图一份。
2. 绘制"多用传动轴"毛坯图一份。
3. 零件数量为 100 件。
4. 零件机械加工工艺过程卡一份。
5. 数控加工工艺卡一份。
6. 数控加工工艺课程说明书一份（5000 字左右）。
7. 将说明书和相关图样装订成册（A4 尺寸装订）。

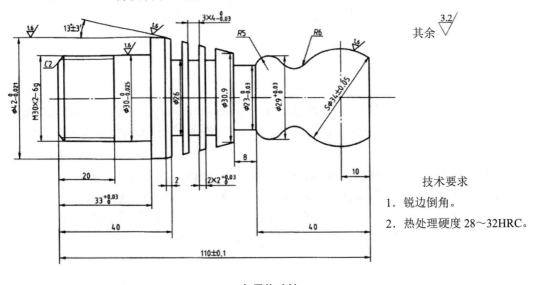

技术要求
1. 锐边倒角。
2. 热处理硬度 28～32HRC。

多用传动轴

绪　　论

随着现代科学技术的发展，数控技术在机械制造领域日益普及与提高，各种类型的数控机床在生产中得到越来越广泛的应用，现代机械产品日趋精密复杂，发展现代数控机床是当前机械制造业技术改造、技术更新的必由之路。

数控技术是现代机械系统、机器人、FMS、CIAMS、CAD/CAM 等高新技术的基础，是采用计算机控制机械系统实现高度自动化的桥梁，是典型的机电一体化高新技术。随着数控技术的普及和广泛应用，机械制造业对数控技术应用人才的要求也越来越高。

本次课程设计主要讲述了在加工零件过程中的工艺分析、加工技术要求的分析、零件加工工艺的路线、零件加工工序确定；数控工序的机床、刀具、夹具的选择，加工走刀路线、切削用量的确定等内容。

1. 零件总体分析

1.1 零件图样分析

绘制多用传动轴的标准零件图，如图 4-11 所示，图中以 $\phi 42_{-0.021}^{0}$ mm 圆柱的轴线为基准，考虑螺纹加工和最小端为 $\phi 30.9$ mm 尺寸的保证，所以必须以圆柱的两端分别为基准进行两次装夹加工。

工件材料为 45 钢，毛坯为棒料。机械加工前先进行调质处理，可以将原调质前后的粗、精加工内容在一次装夹中全部加工完成，以体现数控加工的工序集中的特点。

零件加工时，由于精度不是很高，着重把握螺纹加工、车槽 $\phi 42_{-0.021}^{0}$ mm 圆柱、$\phi 30_{-0.025}^{0}$ mm 的圆柱和圆弧加工过程中不要发生干涉，圆柱和圆弧连接处不要发生干涉。

1.2 零件毛坯图

毛坯选定为棒料，如图 4-12 所示，下料规格尺寸为 $\phi 45$ mm×115mm。

2. 零件工艺分析

2.1 零件加工分析

2.1.1 零件装夹

从零件图可以看出，该零件的加工以 $\phi 42_{-0.021}^{0}$ mm 圆柱的轴线为基准，又要考虑螺纹加工和最小端为 $\phi 30.9$ mm 尺寸的保证，则必须以圆柱的两端面分别为基准面进行两次装夹来加工，但是都主要是以 $\phi 42_{-0.021}^{0}$ mm 圆柱的轴线为基准统一的标准。

第一次装夹在中间，用三爪自定心卡盘夹持棒料，棒料的一端留出 50mm 长度的圆柱，一次完成螺纹等的粗车、半精车和精车加工。

第二次装夹用软爪，夹住没有螺纹的 $\phi 30_{-0.025}^{0}$ mm 的圆柱部位，然后一次完成圆弧、圆锥、槽的粗车和精车加工。

多用传动轴属于轴类零件，又因其长度 L 与直径 D 的比值不大（L/D=121/42），短轴刚性较好，所以只要装夹稳固，便可以使用较大的切削用量。

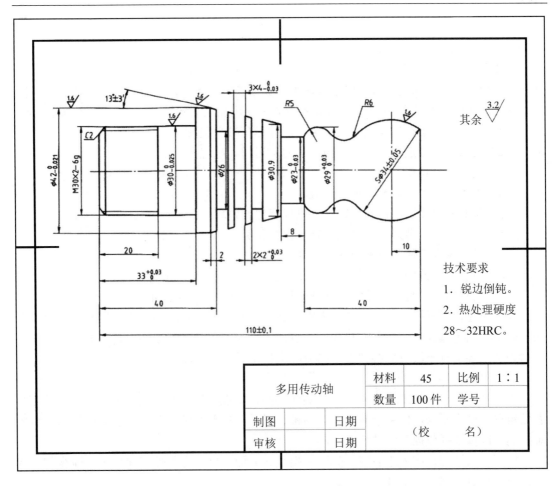

图 4-11 多用传动轴零件图

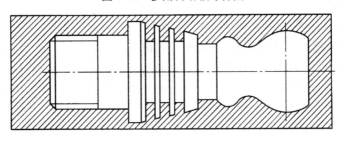

图 4-12 棒料毛坯

第一次装夹在中，螺纹部分的加工应该先把棒料加工到直径为 ϕ29.8mm 的圆柱，然后加工螺纹，加工螺纹时圆柱表面的金属会在挤压力作用下向外膨胀，从而达到所要求尺寸。螺纹加工完后，应该注意保护。

第二次装夹加工时，应注意控制圆弧加工的刀具半径，避免发生干涉。车槽工步应该放在最后，从圆锥最大端开始车入，这样就容易保证最小端的尺寸。

2.1.2 工艺性分析

零件的结构工艺性是指所设计零件在能满足使用要求的前提下制造的可行性和经济

性,它包括零件整个工艺过程的工艺性,如铸造、锻造、冲压、焊接、热处理、切削加工等的工艺性,其涉及面很广,具有综合性。

在不同的生产类型和生产条件下,同一种零件制造的可行性和经济性可能不同,所以,在对零件进行工艺分析时,必须根据具体生产类型和生产条件,全面、具体、综合地分析。

在制定机械加工工艺规程时,主要进行零件的切削加工工艺分析,它主要涉及如下几点。

(1) 工件应便于在机床或夹具上装夹,并尽量减少装夹次数。

(2) 刀具易于接近加工部位,便于进刀、退刀、越程和测量。

(3) 便于观察切削情况。

(4) 尽量减少刀具调整和走刀次数。

(5) 尽量减少加工面积及空行程,以提高生产效率。

(6) 便于采用标准刀具,尽量能减少刀具种类。

(7) 尽量减少工件和刀具的受力变形。

(8) 改善加工条件,便于加工,必要时应便于采用多刀、多件加工。

(9) 适宜的定位基准,且定位基准至加工面的标注应便于测量。

综上所述,根据加工工艺分析,从图样要求看出,该零件加工内容为圆锥面、圆柱面、凹半圆弧、凸半圆弧、螺纹且都集中在外表面上。尺寸的精度、表面粗糙度要求不高,但在达到加工要求且不浪费材料和工时的情况下尽量做好每一步。

2.2 确定零件加工方案

由于多用传动轴加工内容为圆柱、圆弧、圆锥、螺纹等,是常见的车削结构,精度和表面粗糙度要求不高,但由于有圆弧、圆锥、槽等,在普通卧式车床上加工质量稳定性较难控制,所以选择数控车床进行加工。

按照加工原则,应先粗后精、先面后螺纹、先面后槽,尽量使工序集中,减少装夹次数、换刀次数,缩短加工时间。

零件加工方案如下。

(1) 工序1,下料,$\phi 45mm \times 121mm$ 的棒料。

(2) 工序2,热处理材料的硬度为28~32HRC。

(3) 工序3,车削(第一次装夹)。三爪自定心卡盘夹住棒料,棒料的一端留出50mm长度的圆柱,校平端面3mm,见光即可,粗车$\phi 30mm$、$5mm \times 33mm$、$\phi 42.5mm \times 12mm$ 的圆柱。

① 粗车$\phi 42_{-0.021}^{0}$mm$\times 12mm$ 的圆柱,精车$\phi 30_{-0.025}^{0}$mm 圆柱,精车$\phi 30_{-0.025}^{0}$mm$\times 20mm$ 的圆柱(螺纹段)并倒角$C2$。

② 加工 M30$\times$2-6g 的长 20mm 螺纹。

(4) 工序3,车削(第二次装夹):用软爪夹住$\phi 30mm \times 13mm$ 的圆柱棒料,校平端面保证总长度。

① 粗车$S\phi(34\pm 0.05)mm$ 球面 $R6mm$ 圆弧面、$R5mm$ 圆弧面,$\phi 23_{-0.03}^{0}$mm 的圆柱,然后加工$\phi 30.9mm$ 到 $\phi 42_{-0.021}^{0}$mm 的圆锥面。

② 半粗车$S\phi(34\pm 0.05)mm$ 球面 $R6mm$ 圆弧面、$R5mm$ 圆弧面,$\phi 23_{-0.03}^{0}$mm 的圆柱,然后加工$\phi 30.9mm$ 到 $\phi 42_{-0.021}^{0}$mm 的圆锥面。

③ 精车 $S\phi(34\pm0.05)$mm 球面 $R6$mm 圆弧面、$R5$mm 圆弧面，$\phi23_{-0.03}^{0}$mm 的圆柱，然后加工 $\phi30.9$mm 到 $\phi42_{-0.021}^{0}$mm 的圆锥面。

④ 依次在圆锥面上进行 3 个槽的加工。

（5）工序 5，检验。按图样要求检查各部。

（6）工序 6，入库。涂油入库。

3．机械加工工艺工程卡

机械加工工艺工程卡如表 4-12 所示。

表 4-12 机械加工工艺工程卡

机械加工工艺工程卡		零件	图号	材料	件数	毛坯	毛坯尺寸
		多用传动轴	0002	45 钢	小批	棒料	$\phi45$mm×115mm
序号	工序名称	工序内容			机床	工装	
1	下料	$\phi45$mm×121mm			锯床		
2	热处理	调质硬度 28～32HRC					
3	车削	粗车，校平端面光即可，车圆柱 $\phi42.5$mm×12mm、$\phi30$mm×120mm、$\phi30.5$mm×13mm			数控车床	90°外圆车刀，150mm 金属直尺，划线板，300mm×0.02mm 游标卡尺	
		精车圆柱 $\phi40_{-0.021}^{0}$mm，精车 $\phi30_{-0.025}^{0}$mm×13mm 圆柱，车圆柱 $\phi30$ 至 $\phi29.8$mm×20mm 后精车螺纹 M30×2-6g 长 20mm，倒角 C2				90°外圆车刀，螺纹车刀，150mm 金属直尺，划线板，300mm×0.02mm 游标卡尺，螺纹规	
4	车削	粗车，校平端面，保证总长，车圆弧及锥面，个留余量 0.5mm			数控车床	90°外圆车刀，150mm 金属直尺，300mm×0.02mm 游标卡尺	
		精车球 $\phi34$mm，$R6$mm，$R5$mm 圆弧面，$\phi23_{-0.03}^{0}$mm 的圆柱面及圆锥					
		车槽，按图示位置锥面车槽，槽宽 4mm				车槽刀，150mm 金属直尺，300mm×0.02mm 游标卡尺	
5	检验	按图样要求检查各部分					
6	入库	清洗，涂油并入库					
×××厂		工艺设计			日期	共 页	共 页

4．确定数控加工内容

数控加工一般采用工序集中原则，本次设计的螺纹端既可以放在数控车，也可以用于普通车加工，视车间各机床岗位任务量调整确定。本次设计是将工艺过程卡中的两次装夹内容均确定为数控车削加工工序，从而进行数控加工设计。

5．数控加工工艺分析

5.1 数控工序主要加工内容

5.1.1 主要加工内容

（1）螺纹一端面加工。$\phi29$mm、8mm×20mm 的圆柱，$\phi30$mm×13mm、$\phi40$mm×12mm

的圆柱，倒角 C2。加工 M30×2-6g 长 20mm 的螺纹。

（2）圆弧—端面加工。$S\phi(34\pm0.05)$mm 球面、$R6$mm 圆弧面、$R5$mm 圆弧面，然后加工 $\phi30.9$mm 到 $\phi42_{-0.021}^{0}$mm 的圆锥面，并依次再切圆锥面上 3 个槽的加工。

5.1.2 主要加工精度

常规尺寸精度：$\phi42_{-0.021}^{0}$mm，M30×2-6g，$\phi30_{-0.025}^{0}$mm，$33_{0}^{+0.03}$mm，$3\times4_{-0.03}^{0}$mm，$2\times2_{0}^{+0.03}$mm，$23_{-0.03}^{0}$mm，$29_{0}^{+0.03}$mm，$S\phi(34\pm0.05)$mm。最小的表面粗糙度 Ra=1.6μm。

5.1.3 数控加工工艺分析

在 SSCK20/500 的数控车床上分别用三爪卡盘和软爪进行两次装夹加工。第一次夹在棒料的中间，且一端留出长度为 50mm，加工 M30×2-6g 螺纹以及 $\phi30_{-0.025}^{0}$mm 圆柱面。用软爪夹住 $\phi30_{-0.025}^{0}$mm 的圆柱，加工另一端的几个圆弧、$\phi23_{-0.03}^{0}$mm 的圆柱、圆锥及车槽等。

5.2 机床选择

对于机床，每一类机床都有不同的精度、功能等，其工艺范围、技术规格、加工精度、生产率及自动化程度都不同。为了正确地为每一道工序合理地选择机床，充分发挥机床的性能优势，需要考虑以下几点。

（1）机床的类型应与工序加工内容相适应。

（2）机床的主要规格尺寸应与工件的外形尺寸和加工表面的相关尺寸相适应。

（2）机床的精度与工序要求的加工精度相适应，原则上粗加工工序应选用精度低的机床，精度要求高的精加工工序则应选用精度高的机床。在一定的精度范围内不能偏离太多，机床精度过低，不能保证加工精度；机床精度过高，会增加零件制造成本。

应根据零件的规格尺寸、加工精度、所需要的功能层次等要求合理选择机床。

（1）机床的类型

由于加工内容为圆柱、圆弧、圆锥、螺纹等，车削加工便于全部完成。按精度将该零件加工分成粗车、精车两工步，虽然精度和表面粗糙度要求不高，但是由于有圆弧、圆锥和槽，在普通卧式车床上操作较困难，且质量稳定性受人为的影响大，精度不易保证。该零件工艺按小批量生产加工，圆弧加工质量不易控制，多槽加工操作比较烦琐，故选择自动化控制程度较高的机床加工才能稳定质量、提高生产效率。因此，选择以车削为主的数控车床或车削中心。

根据多用传动轴零件的结构、规格、精度等，选择车削中心会造成一定的功能浪费，所以选择经济型 SSCK20/50 数控车床。

（2）机床规格

SSCK20/50 数控车床配备 FANUC-0TE 数控系统，规格大小（详见机床参数）适合多用传动轴零件的加工需要范围，且结构简单、性能稳定可靠，满足工件加工需要。同时也是我们刚走出校门的毕业生最先接触的经济实用型的数控设备之一。

（3）机床精度

加工精度为 IT7～IT8 级、Ra=0.8～1.6μm 的除淬火钢以外的常用金属，可采用粗车→精车两步加工就可完成。

加工精度为 IT5～IT6 级、Ra=0.2～0.63μm 的除淬火钢以外的常用金属，可采用精密型数控车床，按粗车→半精车→精车→细车的方案加工。

加工精度高于 IT5 级、$Ra<0.08\mu m$ 的除淬火钢以外的常用金属，可采用高精密型数控车床，按粗车→半精车→精车→精密车的方案加工。

对淬火钢等难车削的材料，其淬火前可采用粗车→半精车的方法，淬火后安排磨削加工。因此，根据零件图样要求，SSCK20/50 型数控车床精度适应多用传动轴的精度需要。

（4）机床技术参数

SSCK20/50 型数控车床的主要技术参数如表 4-13 所示。

表 4-13 SSCK20/50 型数控车床的主要技术参数

类　别	参　　数
床身上最大回转直径	400mm
夹盘直径	200mm
最大切削直径	200mm
最大切削长度	500mm
主轴转速范围	20～2400r/min
主轴直径	55mm
床鞍最大纵向行程	550mm
中滑板最大横向行程	200mm
快速移动速度	X 轴 6m/min；Z 轴 12m/min
刀架工位	6 工位
刀具规格	车刀 20mm×120mm
工具孔直径	32mm
选刀方式	顺时针方向
最小输入当量	X 轴（直径）0.001mm；0.001mm
尾座套筒直径	70mm
尾座套筒最大行程	60mm
顶尖锥孔	Morse No.4
主电动机功率	AC　11kW
进给伺服电动机功率	X 轴 AC　0.6kW
液压站电动机功率	1.1kW
切削液电动机功率	0.12kW
机床的外形尺寸	2600mm×1240mm×1700mm
机床的净质量	2300kg

5.3 确定装夹方案

多用传动轴的加工内容为回转体的回转面，根据半圆弧、圆锥面、螺纹等加工质量要求，该工件采用回转体通常的定位基准——回转中心线，利用三爪自定心卡盘装夹就能实现工件加工时的定位夹紧需要。

考虑到螺纹加工和车槽质量，车槽加工时因其刚性减弱而增加跳动，应该进行第二次装夹（单件加工时两次装夹一道工序，而批量生产时则一次装夹为一道工序，本次设计的程序按一次装夹一道工序进行，两种方案都适用）。具体装夹方案如下。

（1）第一次装夹。用三爪卡盘夹住棒料，棒料二等一端留出 50mm 长度的圆柱，一次完成螺纹等的粗车、半精车、精车加工。

（2）第二次装夹。用卡盘夹住没有螺纹的 $\phi 30_{-0.025}^{0}$ mm 的圆柱，一次完成圆弧、圆锥、槽等的粗车、精车全部内容。

5.4 刀具的选择

5.4.1 刀具类型

根据多用传动轴的加工方案分析，按两道工序在同一个机床上加工来确定刀具，这样在加工另一头（下一个工序）时，相同的刀具就不用重新编号和装夹。

由于圆弧面加工精度要求不高，可直接用外圆车刀（副偏角应大些避免加工圆弧时产生干涉）加工圆弧，并保证加工质量，以减少刀具数量和辅助换刀时间，即直接用一把外圆车刀进行圆柱面、圆弧面和端面的粗、精加工。因考虑圆弧面的加工干涉，外圆车刀的副偏角定为 30°。

用螺纹车刀完成螺纹结构的加工内容。所以，两道工序的内容共需 3 把刀。

（1）将 90° 外圆车刀安装在自动转位刀架的 1 号刀位上，并定为 1 号刀。

（2）将车沟槽用的车槽刀安装在自动转位刀架的 2 号刀位上，并定为 2 号刀。

（3）将车螺纹用的螺纹车刀安装在自动转位刀架的 3 号刀位上，并定为 3 号刀。

（4）刀具结构类型及刀具编号对应如图 4-13 所示。

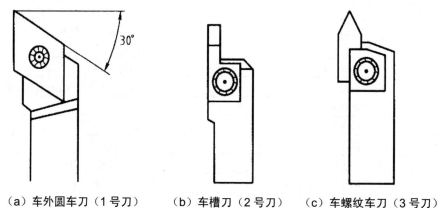

（a）车外圆车刀（1号刀）　（b）车槽刀（2号刀）　（c）车螺纹车刀（3号刀）

图 4-13 车刀类型示意图

5.4.2 刀具材料及刀具参数

根据零件数控加工时对刀具的具体要求，先将选择的数控加工刀具列出刀具表，其加工参数如表 4-14 所示。

表 4-14 刀具表

刀 号	刀具名称	刀具材料	刀 补	备 注
T01	车外圆车刀	立方氮化硼	01	车刀副偏角 35°
T02	车槽刀	高速钢	02	刀宽 4mm
T03	车螺纹车刀	立方氮化硼	03	刀尖角 60°

5.5 确定加工顺序

（1）第一次装夹。车端面→粗车 $\phi42.5\text{mm}\times12\text{mm}$、$\phi30.5\text{mm}\times33\text{mm}$ 的圆柱→精车 $\phi42_{-0.021}^{0}\text{mm}\times12\text{mm}$、$\phi30_{-0.025}^{0}\text{mm}\times13\text{mm}$、$\phi29.8\text{mm}\times20\text{mm}$ 的圆柱，倒角 C2 车 M30×2-6g 长 20mm 的螺纹。

（2）第二次装夹。车另一端保证总长→粗车（留精车余量）$S\phi(34\pm0.05)\text{mm}$ 球面及 R6mm、R5mm 圆弧面，$\phi23_{-0.03}^{0}\text{mm}$ 的圆柱→$\phi30.9\text{mm}$ 到 $\phi42_{-0.021}^{0}\text{mm}$ 的圆锥面→车上个 $\phi26\text{mm}$ 的槽。

5.6 走刀路线

数控加工走刀路线如图 4-14～图 4-19 所示。

数控加工走刀路线图		工序号	3	工步号	1	
机床型号	SSCK20/500	加工内容	车端面		共 6 页	第 1 页
					车端面的走刀路线	
					编程	
					校对	
					审批	
符号	○	⊗	⊕	○	→	→	←	∨	∿	⟶
含义	抬刀	下刀	程序原点	起刀点	进给方向		进给线相交		铰孔	行切

图 4-14 加工车端面

数控加工走刀路线图		工序号	3	工步号	2	
机床型号	SSCK20/500	加工内容	加工 $\phi29.9\text{mm}$ 和 $\phi30\text{mm}$，倒角 C2		共 6 页	第 2 页
					车圆柱面的走刀路线	
					编程	
					校对	
					审批	
符号	○	⊗	⊕	○	→	→	←	∨	∿	⟶
含义	抬刀	下刀	程序原点	起始	进给方向		进给线相交		铰孔	行切

图 4-15 加工 $\phi29.9\text{mm}$ 和 $\phi30\text{mm}$，倒角 C2

数控加工走刀路线图		工序号	3	工步号	3		
机床型号	SSCK20/500	加工内容		车螺纹		共6页	第3页

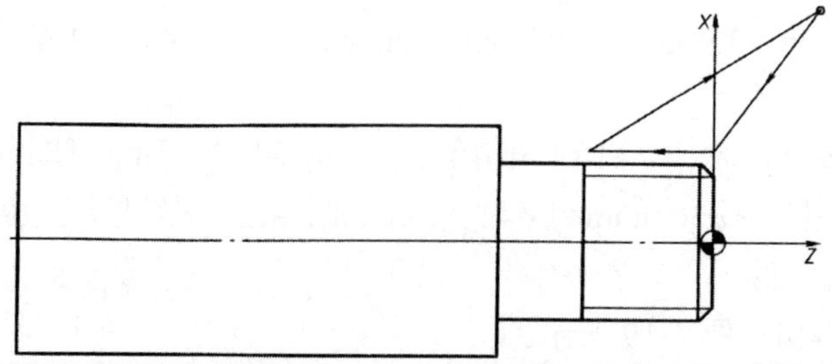

							车螺纹的走刀路线
							编程
							校对
							审批
符号	○	⊗	⊕	○→	→	⇒	←∨	⌒	⌐
含义	抬刀	下刀	程序原点	起始	进给方向	进给线相交	铰孔	行切

图 4-16 加工车螺纹

数控加工走刀路线图		工序号	4	工步号	1		
机床型号	SSCK20/500	加工内容		车端面		共6页	第4页

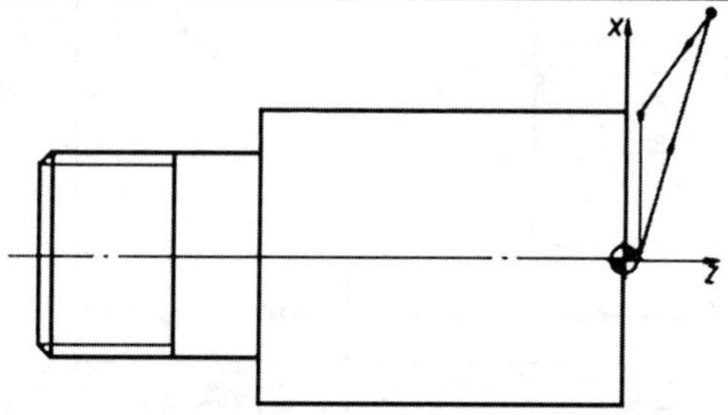

车端面的走刀路线

编程

校对

审批

符号	○	⊗	⊕	○→	→	⇒	←∨	⌒	⌐
含义	抬刀	下刀	程序原点	起始	进给方向	进给线相交	铰孔	行切

图 4-17 加工车端面

数控加工走刀路线图		工序号	4	工步号	2		
机床型号	SSCK20/500	加工内容		车圆弧、圆柱面、圆锥面		共6页	第5页

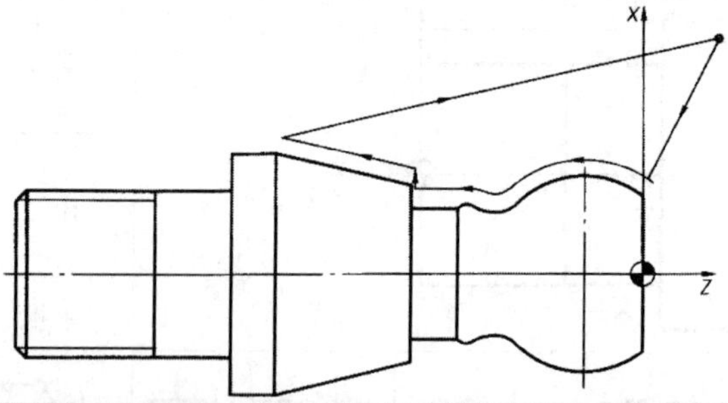

车轮廓的走刀路线

编程

校对

审批

符号	○	⊗	⊕	○→	→	⇒	←∨	⌒	⌐
含义	抬刀	下刀	程序原点	起始	进给方向	进给线相交	铰孔	行切

图 4-18 加工车圆弧、圆柱面、圆锥面

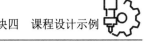

数控加工走刀路线图		工序号	4	工步号	3		
机床型号	SSCK20/500	加工内容		车槽		共6页	第6页

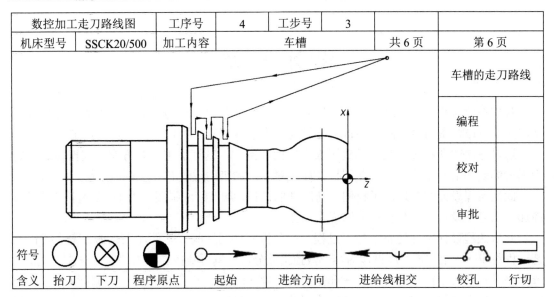

							车槽的走刀路线	
							编程	
							校对	
							审批	
符号	○	⊗	◓	○	→	←	⌒	⎿→
含义	抬刀	下刀	程序原点	起始	进给方向	进给线相交	铰孔	行切

图 4-19 加工车槽

设 计 总 结

我们在此课程设计中遇到了很多困难，例如，在确定工艺方案时，我们对选择哪种方案产生了分歧，最后经查阅相关资料并综合考虑各种因素才决定本次设计的加工方案。

通过这次的课程设计我们学到了很多东西，例如，制订加工工艺方案，根据计算的切削用量编制加工程序等。本次课程设计使我对零件加工的过程有了深刻地了解。

此次课程设计综合运用了我们之前所学的知识，如"机械制图""机械制造技术""数控加工工艺及设备""数控加工编程及操作"等。

此次课程设计零件的整个加工过程为：分析零件图→制订零件加工总体方案→拟订工艺过程路线→选定数控工序设计内容→数控工艺分析→编程数控加工工序卡片→选择机床→选择夹具及装夹方案→选择刀具→选择切削用量→确定加工工步→拟订走刀路线。

本课程设计的重点在于零件的结构工艺分析、机床的选择、加工方案及顺序的拟订和切削用量等参数的选择。

通过课程设计，我发现自己存在很多不足，在以后的学习中我会更加努力去充实和完善自己。

最后，还要感谢教师们在辅导过程中给予的大力支持和帮助。

参 考 文 献

[1] 张秀珍,晋其纯.机械加工质量控制与检测[M].北京:北京大学出版社,2008.
[2] 顾京.数控加工编程与操作[M].北京:高等教育出版社,2003.
[3] 赵长明,刘万菊.数控加工工艺及设备[M].北京:高等教育出版社,2003.
[4] 王军,严丽.机械基础[M].广州:华南理工大学出版社,2004.
[5] 陈根琴,宋志良.机械制造技术[M].北京:北京理工大学出版社,2007.
[6] 刘力,王冰.机械制图[M].北京:高等教育出版社,2007.

项目四　分度盘的数控加工设计

数控加工工艺课程设计说明书

设计题目　分度盘数控加工工艺设计[生产纲领：80件]

成绩_____

班级_____

学号_____

指导教师_____

设计日期　　　年　　月　　日至　　年　　月　　日

目　录

课程设计任务书
绪论
1. 零件分析
　　1.1　生产状态
　　1.2　零件结构分析
2. 零件总体工艺分析
　　2.1　选择毛坯
　　2.2　工艺分析
　　2.3　加工路线
　　2.4　工序间的衔接
3. 加工工艺过程卡
4. 确定数控加工内容
5. 数控加工工序分析
　　5.1　零件加工内容分析
　　5.2　工艺分析
　　5.3　选择加工中心
　　5.4　确定装夹方案
　　5.5　刀具的选择
　　5.6　加工步骤
　　5.7　走刀路线
设计总结
参考文献

课程设计任务书

设计要求：1. 绘制分度盘标准零件图一份。
2. 绘制分度盘的毛坯图一份。
3. 零件数量为 100 件。
4. 零件机械加工工艺方案（零件加工过程卡）一份。
5. 数控加工工艺卡一份。
6. 数控加工工艺课程说明书一份（5000 字左右）。
7. 将说明书和相关图样装订成册（A4 尺寸装订）。

技术要求
1. 全部倒角 $C1$。
2. 油槽进退刀处允许斜面。

分度盘

绪　　论

略

1．零件分析

1.1　生产状态

绘制分度盘标准零件图，如图 4-20 所示，零件材料为 HT200，小批量生产，无热处理工艺等其他要求。

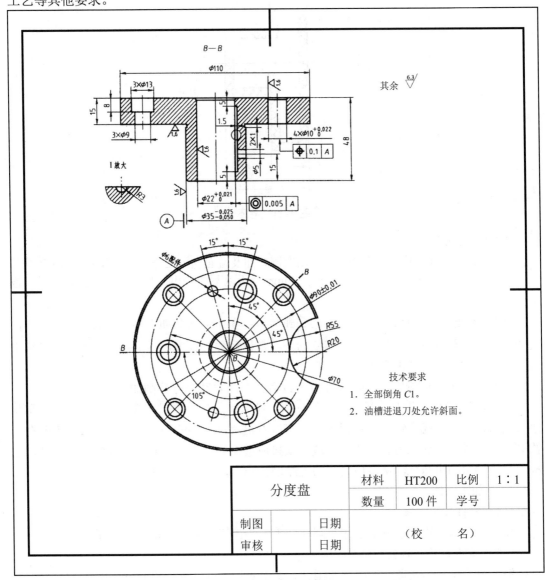

图 4-20　分度盘标准零件图

1.2 零件结构分析

分度盘是盘套类零件，盘套类零件的加工重点是内孔。一般情况下，这类零件有精度较高的圆度和同轴度要求。

该零件在加工过程中各道工序均需良好的定位基面，其内孔油槽结构增加了加工难度。

2. 零件总体工艺分析

2.1 选择毛坯

选择该零件的材料为 HT200，因此，毛坯为铸件，如图 4-21 所示。

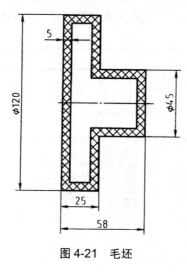

图 4-21 毛坯

2.2 工艺分析

（1）该零件属于典型盘套类零件，所有回转面及端面均可在普通卧式车床上加工完成。

（2）工件中心出孔为 ϕ22H7，小于 30mm，所以不能铸出，只能在实体上钻、扩、镗而成。

（3）考虑圆 ϕ110mm、R20mm 的圆弧缺口，端面上的孔加工因各个孔尺寸不一，内孔表面粗糙度要求较高，加工中所需要的刀具数量及种类较多，故这部分内容更适宜集中放在加工中心上一次装夹完成。

（4）R3mm 的油槽，可用 CA6140 普通卧式车床对其进行拉削加工。

（5）油孔 ϕ5mm 的加工位置在回转面上，需要更换装夹位置才能加工，又因其批量较小，故安排钳工划线、钻孔。从以上几点可以看出，该零件的加工部位较分散，不能在一次装夹中完成所有加工内容。工艺路线的安排应遵循先内后外、基准先行的加工原则，选样毛坯大端面为粗基准，从最后完工的工序倒推基准，拟订零件加工路线。

2.3 加工路线

（1）零件加工方案 1。

铸造→冷作→热处理→车削→车削→加工中心加工→钻削→检验→入库。

（2）零件加工方案 2。

铸造→冷作→热处理→车削→车削→加工中心加工→钻削→检验→入库。

2.4 工序间的衔接

（1）第一道车是为加工出分度盘各个回转面及端面，并为加工中心加工提供装夹定位精基准。

（2）由于工件 R3mm 油槽位置特殊，所以安排第二道车（CA6140 车床）加工。

（3）可以将拉油槽工序与车削回转面工序合为一个，均放在 CA6140 上加工。

（4）加工中心主要针对孔系和缺口 R20mm 的粗、精加工，也可以将 ϕ110mm 大端圆柱也放入加工中心加工。

（5）ϕ5mm 油孔的加工位置在回转面上不能与加工中心的加工内容一次装夹完成，由于没有位置度公差要求，所以安排钳工划线钻孔。

3．加工工艺过程卡

加工工艺过程卡如表 4-15 所示。

表 4-15 加工工艺过程卡

机械加工工艺工程卡		零件	图号	材料	件数	毛坯	毛坯尺寸
		分度盘	0003	TH200	500	铸件	
序号	工序名称	工序内容			机床	工装	
1	铸造	木模，手工造型					
2	冷作	清砂，浇冒口					
3	热处理	人工时效					
4	车削	装夹 $\phi 35_{-0.05}^{-0.025}$ mm 外圆，车 ϕ110mm 及其端面至图样尺寸；钻 $\phi 22_{0}^{+0.021}$ mm 孔至 ϕ20mm			CA6140	150mm 金属直尺，200mm×0.02mm 游标卡尺 YG6 硬质合金 45°端面车刀，ϕ21mm 麻花钻	
	车削	1．装夹 ϕ110mm 外圆，车端面，粗车、半精车内外各圆及端面 2．加工油槽至图样尺寸 3．精车内孔和外圆至图样尺寸			CA6140	YG6 硬质合金 90°外圆车刀、R3mm 油槽车刀、200mm×0.02mm 游标卡尺、$\phi 22_{0}^{+0.021}$ mm 孔用综合量规、25～50mm 千分尺	
	加工中心	加工 ϕ110mm 端面上的孔、R20mm 圆弧槽及 ϕ22mm 孔和孔 2×ϕ9mm，沉孔 ϕ13mm 和 4×ϕ10mm，所有孔口倒角，锐边倒钝（详见数控加工工序卡片）			XH71	详见刀具卡	
	钻削	划钻径向孔 ϕ5mm 至图样尺寸			Z512	ϕ5mm 钻头	
5	检验	按图样要求检查各部尺寸及行位公差					
6	入库	清洗，加工表面涂防锈油，入库					
编制		审核	批准		年 月 日	共 页	第 页

4．确定数控加工内容

（1）工序 4 和工序 5 为分度盘回转面及端面的加工，虽然 ϕ36f7 外圆面及台阶面的精度要求较高，表面粗糙度 $Ra1.6\mu m$，但是工序 4 是直接从毛坯加工成形，且该工序需要调头加工，所以该部分内容适宜放在普通卧式车床上加工。

（2）工序 6 为 $\phi110mm$ 端面的孔系和 $R20mm$ 缺口的加工，这部分内容因为孔的尺寸大小不一，精度要求不一，孔位分布分散，所需要的刀具数量和种类较多。为保证加工精度且减少换刀时间，该部分内容适应在加工中心上加工，以减少手动换刀的不便。

（3）工序 7 因加工内容单一，且其精度要求可在普通机床上保证，所以不在数控机床上加工。因此，选定工序 6 为数控加工程序设计的工序。

5. 数控加工工序分析

5.1 零件加工内容分析

（1）孔结构都集中在 $\phi110mm$ 的端面上，其中精度要求最高的孔为 $\phi22H7$，精度等级为 IT7；其次为 $4\times\phi10mm$ 孔，其精度要求为 IT7 级。

（2）从定位和加工两个方面考虑，以 $\phi36f7$ 端面为主要定位基准，并在前道工序中先加工好，位于 $\phi110mm$ 端面上的全部内容在加工中心上完成。

5.2 工艺设计

5.2.1 选择加工方法

因 $\phi110mm$ 端面上各孔必须在实体表面进行钻削加工才能完成，为防止在实体表面钻孔产生偏斜、滑移等现象，必须先在各孔的加工位置钻削中心孔进行预定位。

$\phi22H7$ 孔尺寸精度为 IT7 级，表面粗糙度为 $Ra1.6\mu m$，由于孔径太小毛坯中不能铸出，采用钻→扩→铰的方案；$4\times\phi10H7$ 的尺寸精度为 IT7 级，表面粗糙度为 $Ra1.6\mu m$，采用钻→扩→铰的方案；$\phi9mm$ 的表面粗糙度为 $Ra6.3\mu m$，要求不高，则采用钻中心孔的方案。

$\phi13mm$ 孔在 $\phi9mm$ 孔的基础上锪孔口至尺寸，其表面粗糙度为 $Ra6.3\mu m$，故采用锪的方案；$\phi6mm$ 为装配时配作不需加工，各处孔的倒角用钻削完成。

5.2.2 确定加工顺序

按照先粗后精、先小孔后大孔原则，减少换刀次数，以所用刀具不同确定加工工步顺序。工步顺序如下：

钻所有孔的中心孔→钻 $3\times\phi9mm$ 孔→锪 $3\times\phi13mm$ 沉孔→扩、铰 $4\times\phi10H7$ 孔→钻、扩、铰 $\phi22H7$ 孔→倒角。

5.3 选择加工中心

因全部孔均位于 $\phi110mm$ 的端面上，故只需一次装夹便可完成加工，所以选立式铣床或立式加工中心。该零件按小批量安排生产，加工内容含铣、钻、扩、锪、铰等工步，所需刀具在 20 把以内，工件总体尺寸属于常规加工装夹范围，故数控机床选用国产 XH714 型立式加工中心。

XH714 型立式加工中心基本参数如下。

（1）X 轴行程为 600mm。

（2）Y 轴行程为 400mm。

（3）Z 轴行程为 400mm。

（4）工作台尺寸为 800mm×400mm。

（5）主轴端面至工作台面距离为 125～525mm。

（6）定位精度和重复定位精度分别为 0.02mm 和 0.01mm。

（7）刀库容量为 18 把。

5.4 确定装夹方案

5.4.1 装夹分析

（1）零件的主要加工内容为 φ110mm 端面上各孔系加工，因此，其切削力的主要方向是在零件的轴心线方向，以 φ36f7 的端面承受主要的切削力。因此确定 φ36f7 的端面为主要 Z 向定位基准面。

（2）零件为回转体结构，其中 φ36f7 的外圆面积最大，刚性最好，φ22H7 的孔使其刚性有所降低，采用双 V 形块定位夹紧。线接触夹紧定位方式能有效地防止工件发生形变，同时也能有效地夹紧工件。

（3）加工工件上的孔时，应避免与夹具发生碰撞，所以，工件装夹定位必须为钻通孔预留安全操作空间。其方法是在工件 φ36f7 的端面下加垫块以抬高工件，留出工件与机用平口虎钳端面的间隔距离，装夹位置如图 4-22 所示。

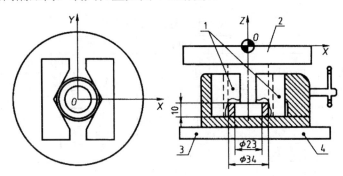

1—V 形块 2—工件 3—垫圈 4—机用平口虎钳

图 4-22 夹紧方案

5.4.2 夹具确定

根据装夹分析，用线接触方式夹紧工件，回转部位采用 V 形块定位；同时采用机用平口虎钳夹紧，在工件与机用平口虎钳之间加垫块抬高工件，为钻孔作业预留安全余量。具体夹紧方案与夹具装置如图 4-22 所示。

5.5 刀具的选择

5.5.1 刀具类型

加工孔系选用的刀具及其结构类型如图 4-23 所示。

5.5.2 刀具材料

由于零件材料为 HT200，其抗压强度和耐磨性较高，但塑性较低，故采用高速钢可以对其进行切削，但切削余量较小，切削速度较慢。考虑到加工中心高效的特点，应采用硬质合金刀进行切削加工，提高效率。

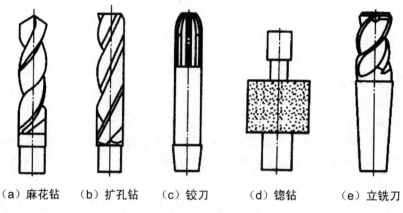

图 4-23 刀具类型

5.5.3 刀具规格

由于数控加工内容里有几处需倒角，故选用一把 ϕ20mm，顶角为 90°的麻花钻用于孔口倒角。

本工序的刀具具体名称、刀具编号、刀柄型号等内容如表 4-16 所示。

表 4-16 数控加工刀具卡

产品名称代号		零件名称	分度盘	零件图号		程序编号
工步号	刀具号	刀具名称	刀柄型号	刀具		补偿
				直径/mm	长度/mm	/mm
1	T01	中心钻	BT40-Z6-45	ϕ3		
2	T02	麻花钻	BT40-M1-45	ϕ9		
3	T03	锪钻	BT40-M1-45	ϕ13		
4	T04	钻	BT4-M1-45	ϕ9.8		
5	T05	铰刀	BT40-M1-45	ϕ10		
6	T06	麻花钻	BT40-M2-50	ϕ16		
7	T07	扩孔钻	BT40-M2-50	ϕ21.8		
8	T08	铰刀	BT40-M2-50	ϕ22		
9	T09	立铣刀	BT40-MW3-75	ϕ20		
10	T10	麻花钻	BT40-M1-45	ϕ20		顶角为 90°

5.6 加工步骤

5.6.1 数控加工工步设计

（1）数控工序加工步骤如表 4-17 所示。

表 4-17 数控加工工序卡卡片

工步号	工步内容	刀具号	刀具规格/mm	主轴转速/(r/mm)	进给速度/(mm/min)	背吃刀量/mm
1	钻所有中心孔	T01	ϕ3	1200	40	1.5
2	钻 3×ϕ9mm	T02	ϕ9	600	60	2.5
3	锪 3×ϕ13mm 沉孔	T03	ϕ13×9	150	15	1.5

续表

工步号	工步内容	刀具号	刀具规格/mm	主轴转速/(r/mm)	进给速度/(mm/min)	背吃刀量/mm
4	钻 4×φ10H7 孔至尺寸 9.8mm	T04	φ9.8	600	60	3
5	铰 4×φ10H7 孔至尺寸	T05	φ10	100	50	0.125
6	钻 φ22H7 φ16mm	T06	φ16	450	60	7.5
7	扩 φ22H7 孔至 φ21.8mm	T07	φ21.8	200	40	0.6
8	精铰 φ22H7 孔至尺寸	T08	φ22	150	40	0.025
9	铣 R20mm 圆弧槽	T09	φ20	200	60	10
10	完成各处倒角	T10	φ12	300	30	1

（2）工序中各个工步走刀路线见数控加工走刀路线卡。

各加工点轮廓标示见基点坐标位置示意。编程时按等量分配的背吃刀量考虑走刀路线或循环加工工步。

5.6.2 数控加工各工步切削参数的确定

数控加工各工步切削参数如表 4-17 所示。

5.7 走刀路线

数控加工走刀路线如图 4-24～图 4-30 所示。

数控加工走刀路线图		零件图号	0003	工序号	7	工步号	1	程序号	O1000
机床型号	XH714	程序段号	N1-N15	加工内容		钻各个孔的中心孔		共 7 页	第 1 页

					钻各个孔的中心孔的走刀路线		
					编程		
					校对		
					审批		

符号	○	⊗	⊕	●	→	⇒	⌵	⌒	⇶
含义	抬刀	下刀	程序原点	起始	进给方向	进给线相交		铰孔	行切

图 4-24 加工钻各个孔的中心孔

数控加工走刀路线图		零件图号	0003	工序号	7	工步号	2	程序号	O1000
机床型号	XH714	程序段号	N17-N23	加工内容	钻尺寸为φ9mm孔			共7页	第2页

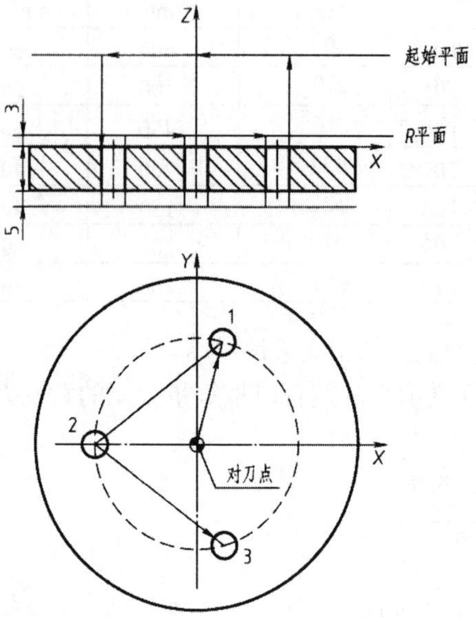

图 4-25 钻尺寸为φ9mm的孔

数控加工走刀路线图		零件图号	0003	工序号	7	工步号	3	程序号	O1000
机床型号	XH714	程序段号	N31-N38	加工内容	锪φ13mm沉孔			共7页	第3页

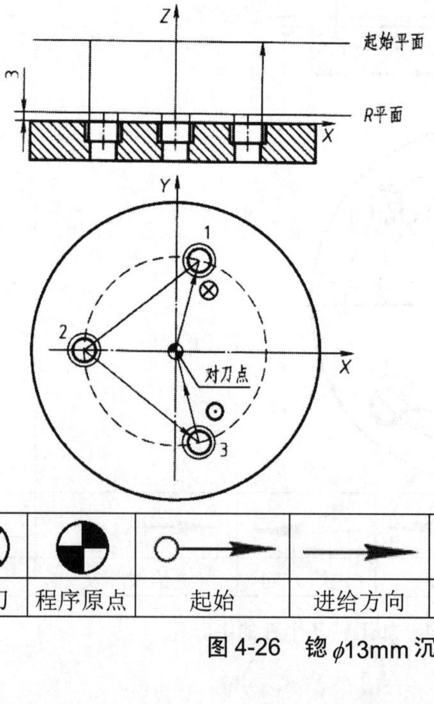

图 4-26 锪φ13mm沉孔

数控加工走刀路线图		零件图号	0003	工序号	7	工步号	4、5	程序号	O1000
机床型号	XH714	程序段号	N39-N54	加工内容		加工 φ10mm 孔		共 7 页	第 4 页
						加工 φ10mm 孔的走刀路线			
						编程			
						校对			
						审批			
符号	○	⊗	◐	○	→	→	←	⌒	⎘
含义	抬刀	下刀	程序原点	起始	进给方向	进给线相交		铰孔	行切

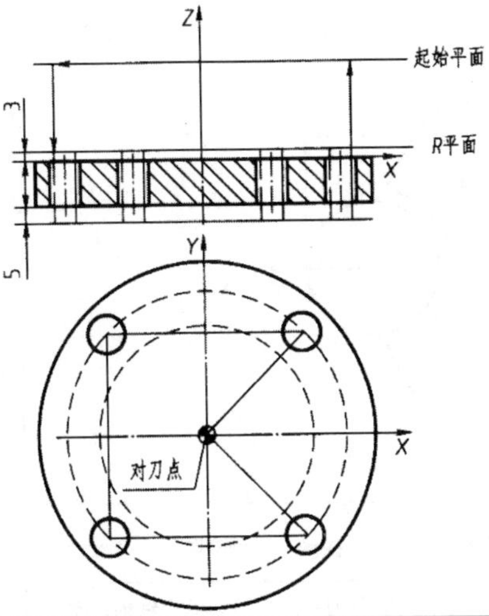

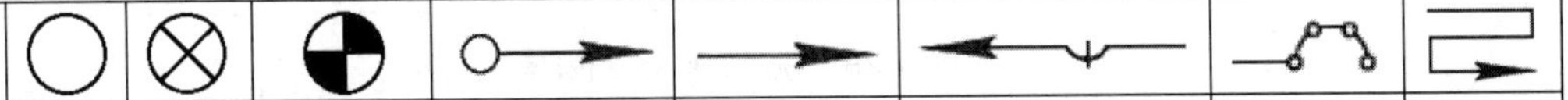

图 4-27　加工 φ10mm 孔

数控加工走刀路线图		零件图号	0003	工序号	7	工步号	6、7、8	程序号	O1000
机床型号	XH714	程序段号	N55-N77	加工内容		钻、扩、铰 φ22mm 孔		共 7 页	第 5 页
						钻、扩、铰 φ22mm 孔的走刀路线			
						编程			
						校对			
						审批			
符号	○	⊗	◐	○	→	→	←	⌒	⎘
含义	抬刀	下刀	程序原点	起始	进给方向	进给线相交		铰孔	行切

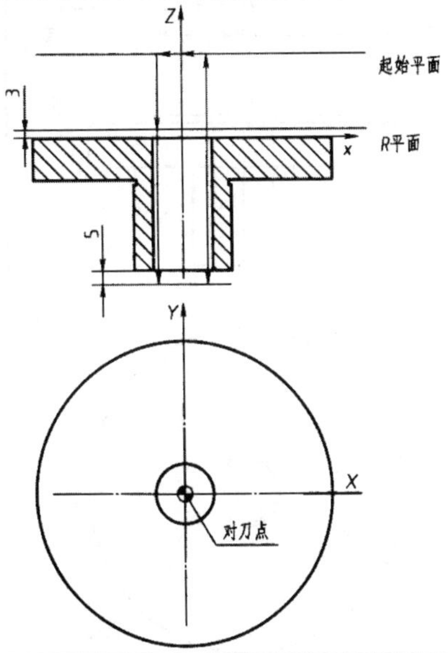

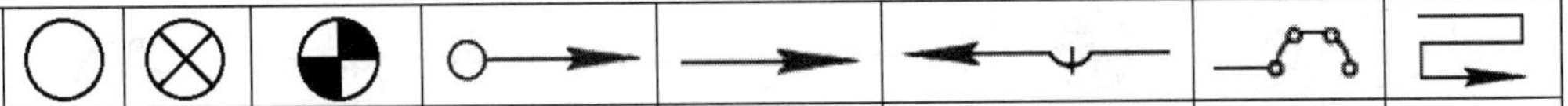

图 4-28　钻、扩、铰 φ22mm 孔

数控加工走刀路线图		零件图号	0003	工序号	7	工步号	9	程序号	O1000
机床型号	XH714	程序段号	N78-N186	加工内容	铣 R20mm 圆弧槽			共 7 页	第 6 页
								铣 R20mm 圆弧槽的走刀路线	
								编程	
								校对	
								审批	
符号	○	⊗	◉	○→	→	←	⌄	⌒⌒	⌐
含义	抬刀	下刀	程序原点	起始	进给方向	进给线相交	铰孔	行切	

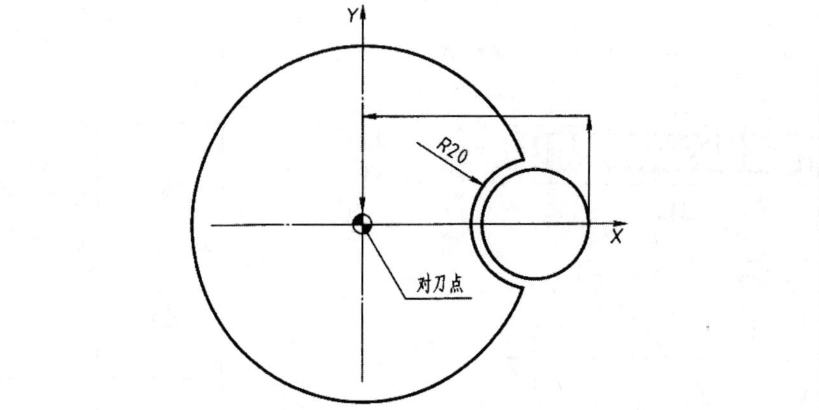

图 4-29　铣 R20mm 圆弧槽

数控加工走刀路线图		零件图号	0003	工序号	7	工步号	6、7、8	程序号	O1000
机床型号	XH714	程序段号	N114-N1119	加工内容	ϕ10mm、ϕ22H7mm 孔口倒角			共 7 页	第 7 页
								ϕ10mm、ϕ22H7mm 孔口倒角的走刀路线	
								编程	
								校对	
								审批	
符号	○	⊗	◉	○→	→	←	⌄	⌒⌒	⌐
含义	抬刀	下刀	程序原点	起始	进给方向	进给线相交	铰孔	行切	

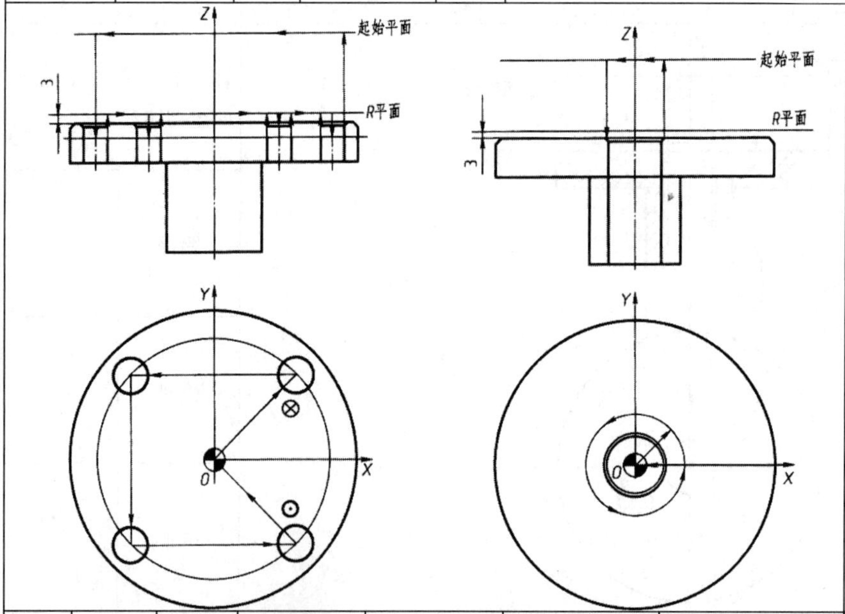

图 4-30　ϕ10mm、ϕ22H7 孔口倒角

设 计 总 结

　　本次课程设计的零件为典型盘套类零件，各加工部位的加工方法在以前的学习中已学过。但由于对加工的方法掌握不够，使得这次加工显得很吃力，首先，在加工余量的确定方面不能很好地把握，其次，对于孔的加工，其表面粗糙度、位置精度方面不清楚该如何加工才能很好的予以保证。最后，在刀具的使用方面，由于未见过实际加工中刀具的实际使用范围是如何确定的，所以在刀具选择方面有很多欠考虑的地方。希望在以后的学习中能得以弥补！

参 考 文 献

[1] 张秀珍,晋其纯. 机械加工质量控制与检测[M]. 北京:北京大学出版社,2008.

[2] 王茂元. 机械制造技术[M]. 北京:机械工业出版社,2004.

[3] 宗国强,赵学跃. 数控铣工技能鉴定考核培训教程[M]. 北京:机械工业出版社,2006.

[4] 赵如福. 金属机械加工工艺人员手册[M]. 上海:上海科学技术出版社,2006.

[5] 何兆凤. 公差配合与技术测量[M]. 北京:中国劳动社会保障出版社,2006.

[6] 王启义,李文敏. 几何测量器具使用手册[M]. 北京:机械工业出版社,1997.

模块五 课程设计训练

本模块课程设计训练的题目由简单到复杂,题目较多供课程设计指导老师和学生选择,课程设计指导老师根据学生的情况从各训练项目中选择题目让学生完成车削数控加工工艺、铣削数控加工工艺、加工中心数控加工工艺课程设计,也可由学生自己选择题目完成课程设计。

项目一 数控车削加工训练

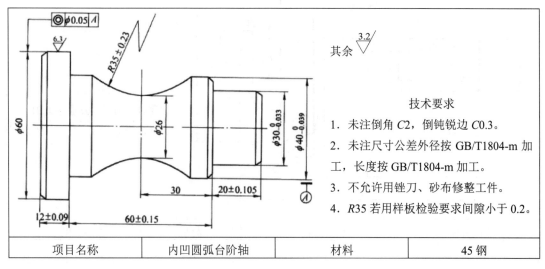

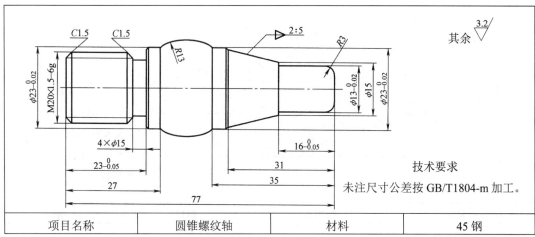

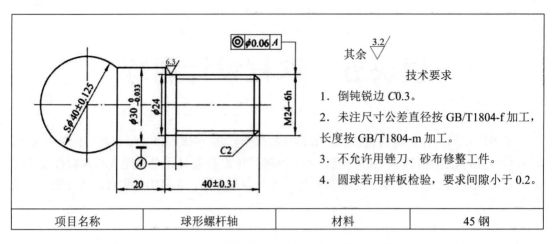

| 项目名称 | 球形螺杆轴 | 材料 | 45钢 |

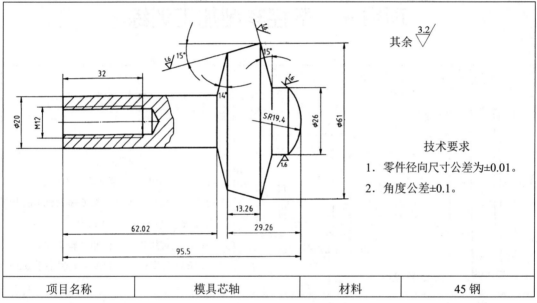

| 项目名称 | 模具芯轴 | 材料 | 45钢 |

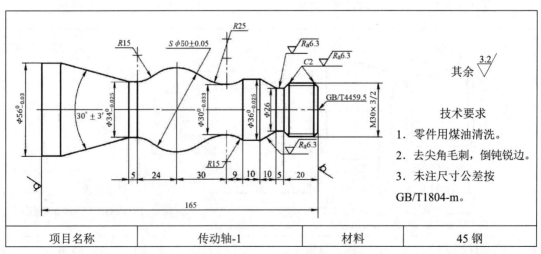

| 项目名称 | 传动轴-1 | 材料 | 45钢 |

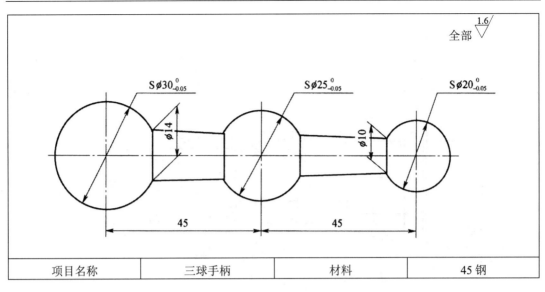

| 项目名称 | 三球手柄 | 材料 | 45 钢 |

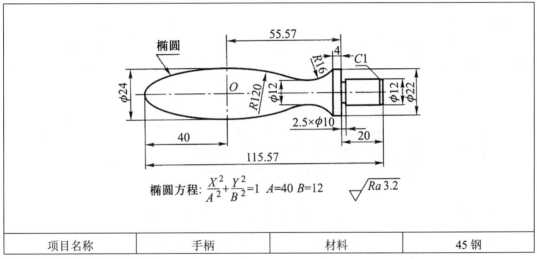

椭圆方程：$\dfrac{X^2}{A^2}+\dfrac{Y^2}{B^2}=1$ $A=40$ $B=12$

| 项目名称 | 手柄 | 材料 | 45 钢 |

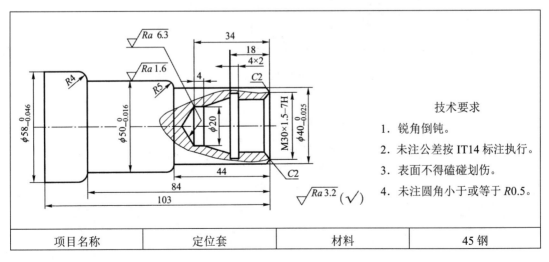

技术要求

1. 锐角倒钝。
2. 未注公差按 IT14 标注执行。
3. 表面不得磕碰划伤。
4. 未注圆角小于或等于 R0.5。

| 项目名称 | 定位套 | 材料 | 45 钢 |

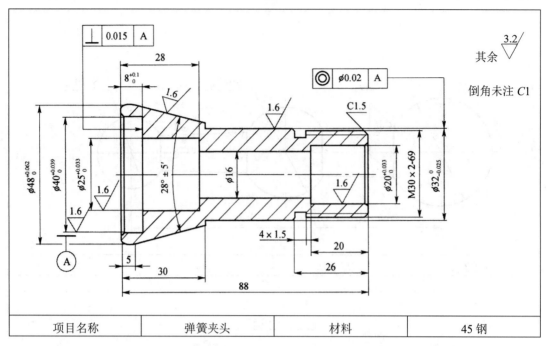

| 项目名称 | 弹簧夹头 | 材料 | 45 钢 |

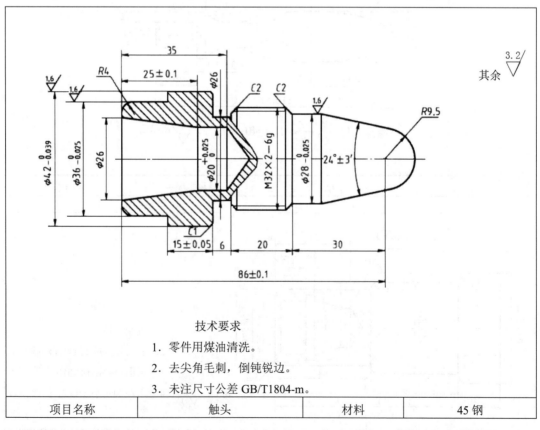

技术要求

1. 零件用煤油清洗。
2. 去尖角毛刺，倒钝锐边。
3. 未注尺寸公差 GB/T1804-m。

| 项目名称 | 触头 | 材料 | 45 钢 |

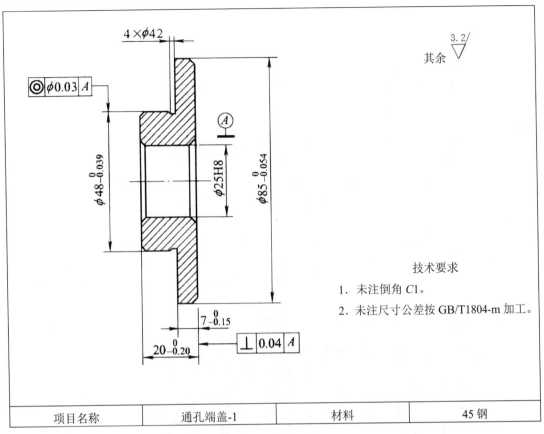

技术要求
1. 未注倒角 C1。
2. 未注尺寸公差按 GB/T1804-m 加工。

| 项目名称 | 通孔端盖-1 | 材料 | 45 钢 |

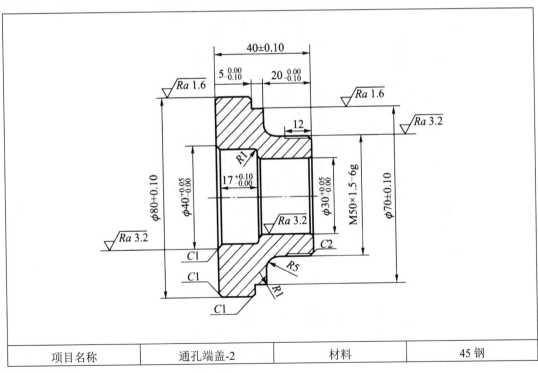

| 项目名称 | 通孔端盖-2 | 材料 | 45 钢 |

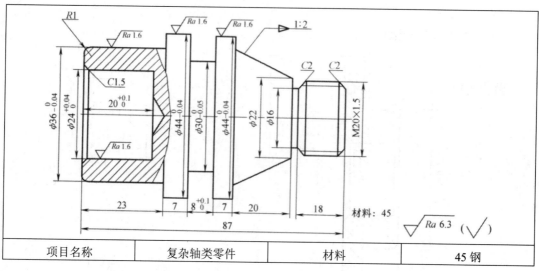

| 项目名称 | 复杂轴类零件 | 材料 | 45钢 |

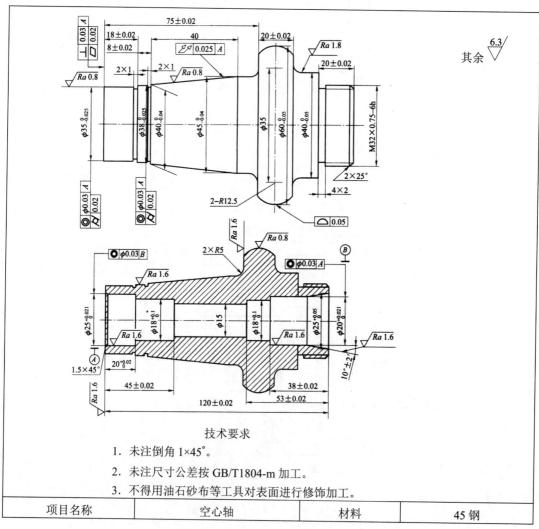

技术要求

1. 未注倒角 1×45°。
2. 未注尺寸公差按 GB/T1804-m 加工。
3. 不得用油石砂布等工具对表面进行修饰加工。

| 项目名称 | 空心轴 | 材料 | 45钢 |

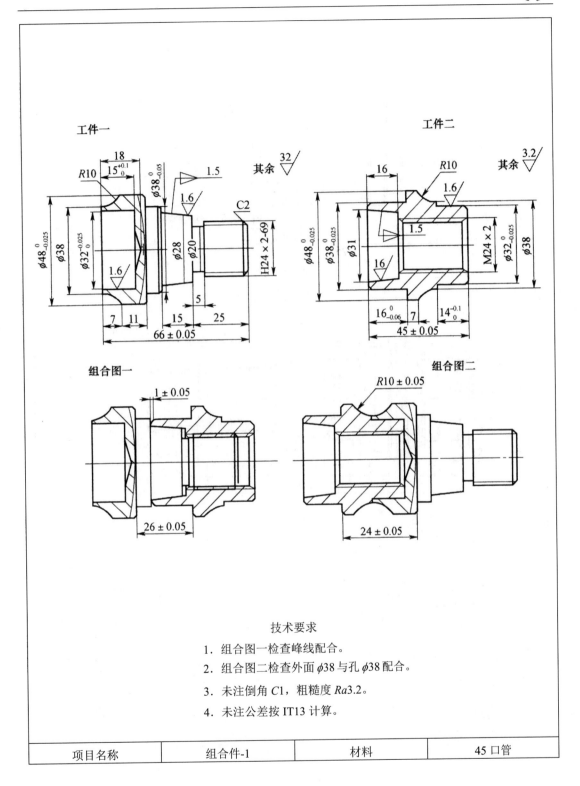

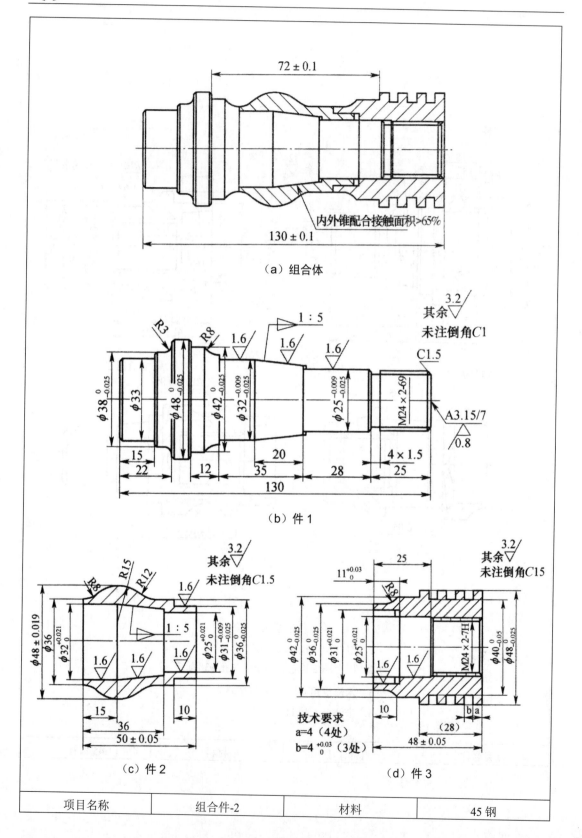

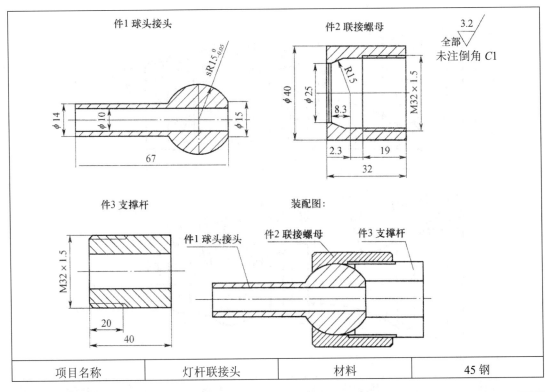

| 项目名称 | 灯杆联接头 | 材料 | 45钢 |

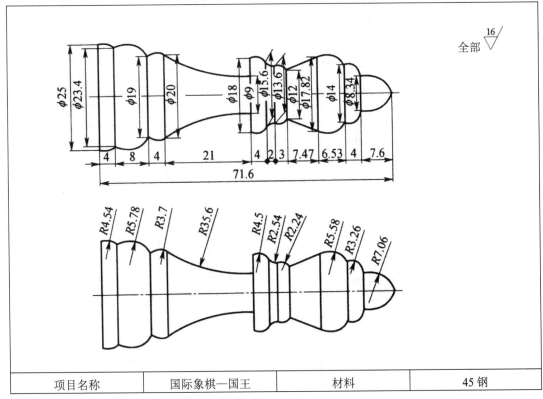

| 项目名称 | 国际象棋—国王 | 材料 | 45钢 |

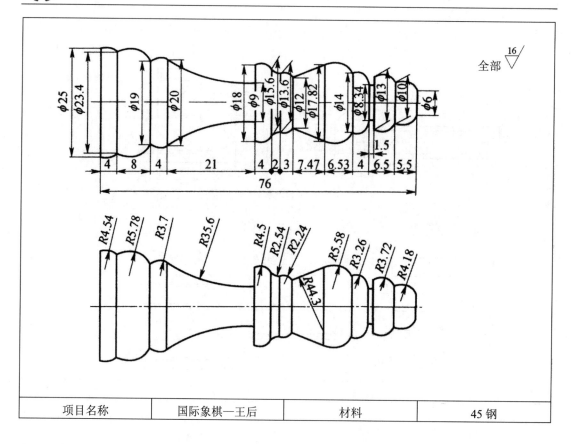

| 项目名称 | 国际象棋—王后 | 材料 | 45钢 |

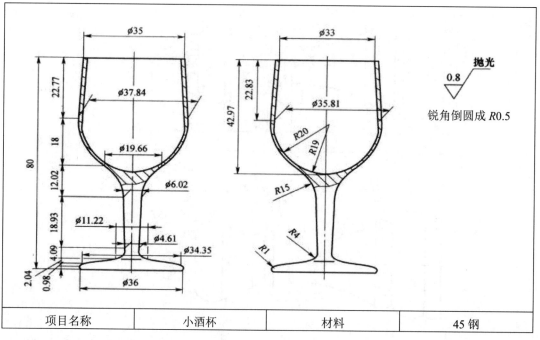

| 项目名称 | 小酒杯 | 材料 | 45钢 |

项目二　数控钻铣加工训练

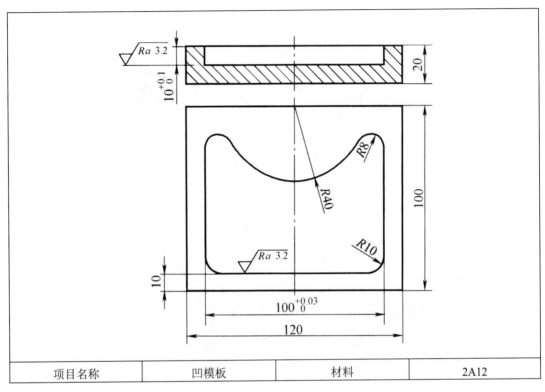

| 项目名称 | 凹模板 | 材料 | 2A12 |

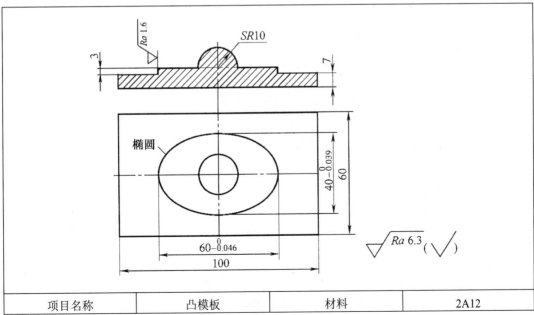

| 项目名称 | 凸模板 | 材料 | 2A12 |

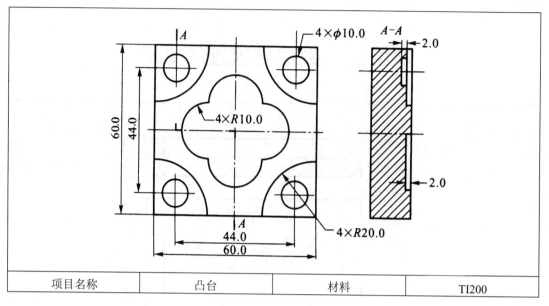

| 项目名称 | 凸台 | 材料 | TI200 |

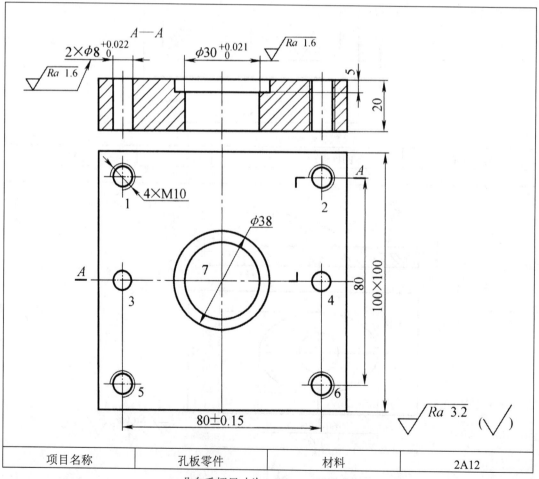

| 项目名称 | 孔板零件 | 材料 | 2A12 |

凸台毛坯尺寸为：80mm×80mm×20mm

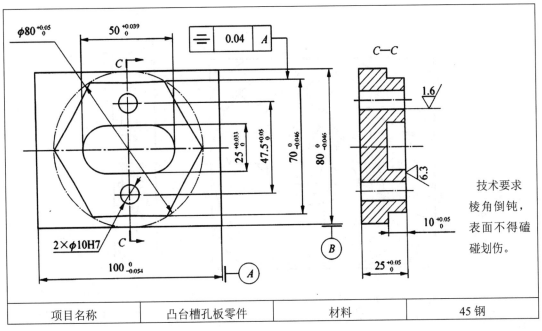

| 项目名称 | 凸台槽孔板零件 | 材料 | 45钢 |

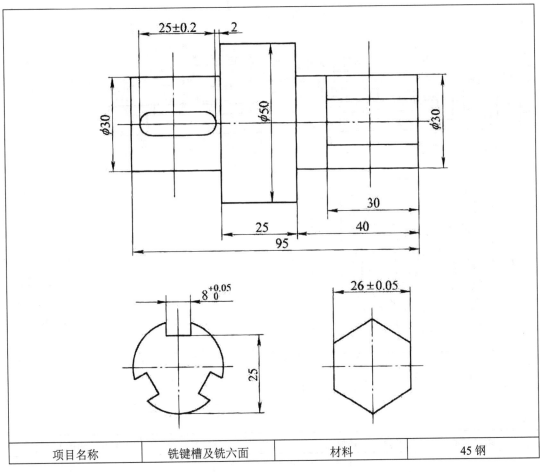

| 项目名称 | 铣键槽及铣六面 | 材料 | 45钢 |

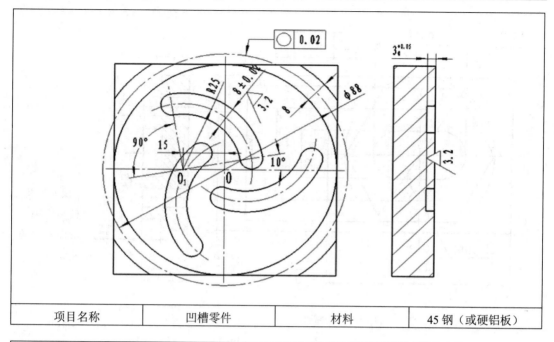

| 项目名称 | 凹槽零件 | 材料 | 45钢（或硬铝板） |

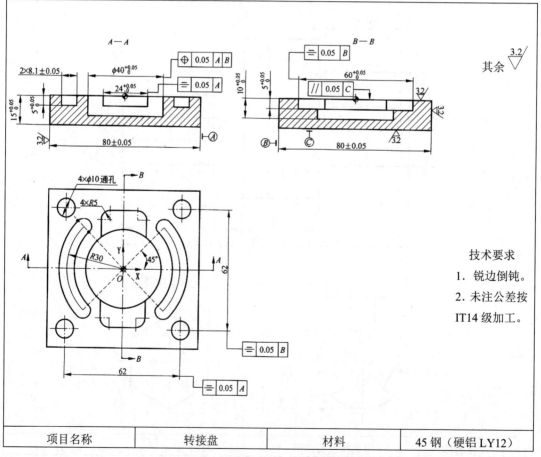

技术要求
1. 锐边倒钝。
2. 未注公差按 IT14 级加工。

| 项目名称 | 转接盘 | 材料 | 45钢（硬铝LY12） |

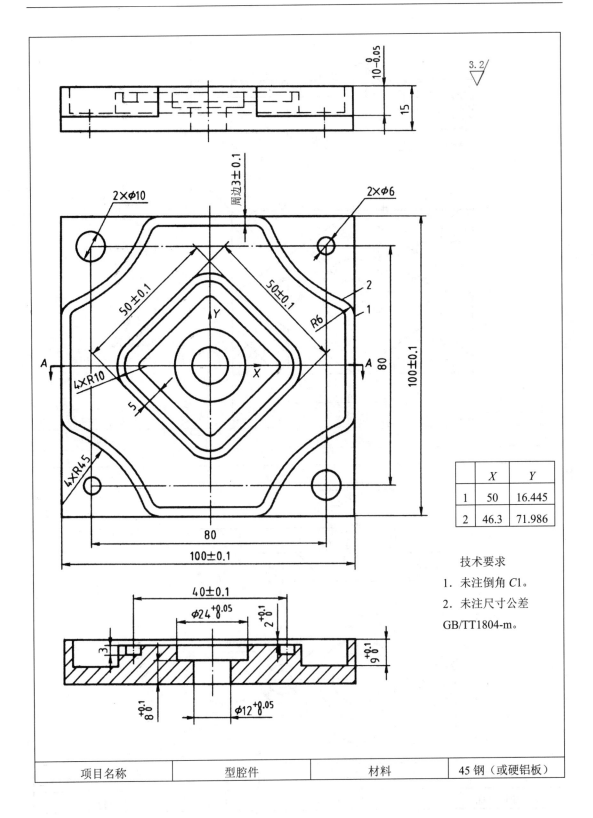

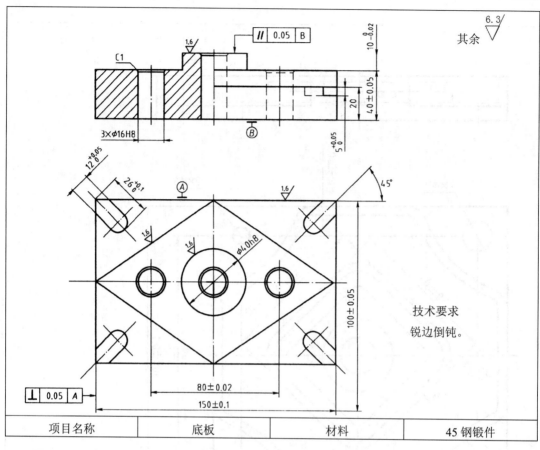

| 项目名称 | 底板 | 材料 | 45 钢锻件 |

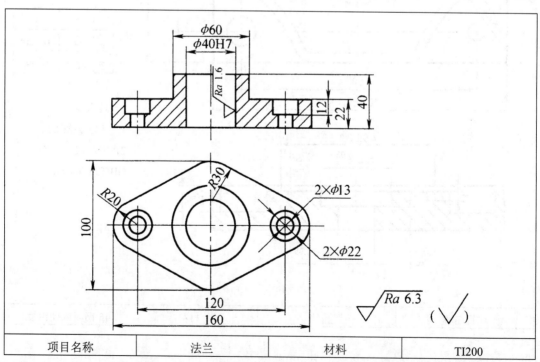

| 项目名称 | 法兰 | 材料 | TI200 |

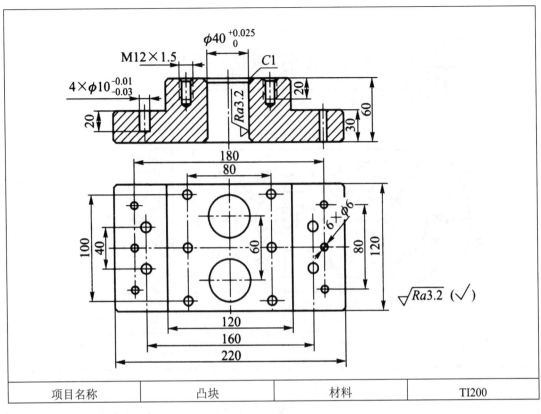

| 项目名称 | 凸块 | 材料 | TI200 |

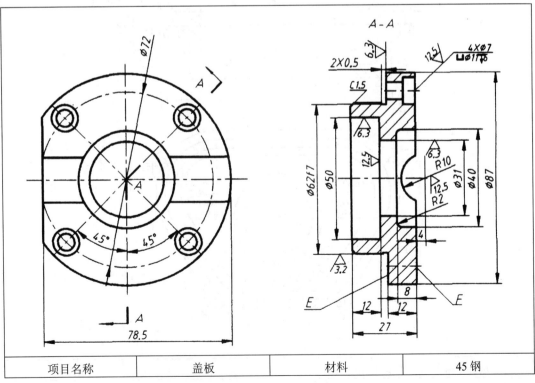

| 项目名称 | 盖板 | 材料 | 45钢 |

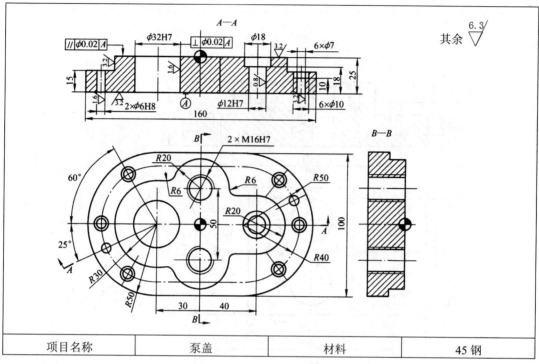

| 项目名称 | 泵盖 | 材料 | 45钢 |

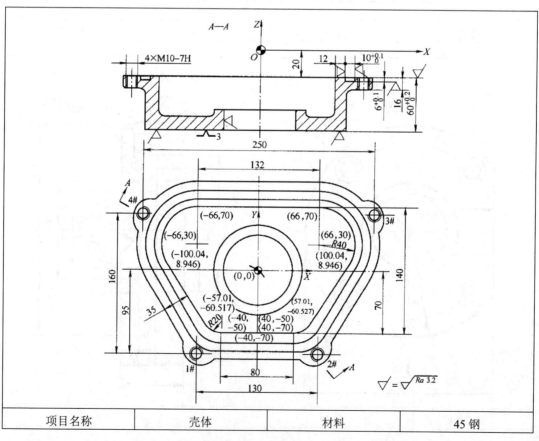

| 项目名称 | 壳体 | 材料 | 45钢 |

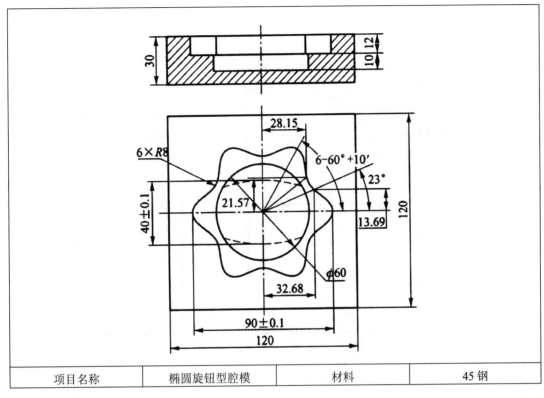

| 项目名称 | 椭圆旋钮型腔模 | 材料 | 45钢 |

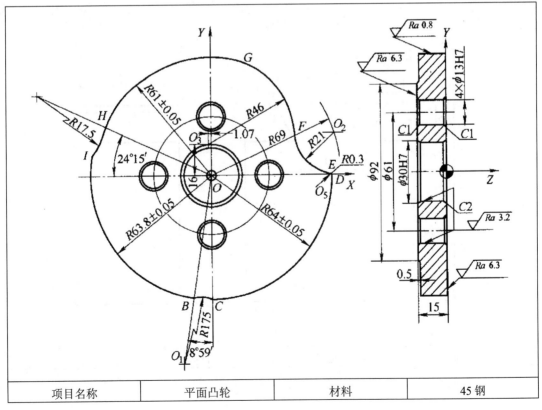

| 项目名称 | 平面凸轮 | 材料 | 45钢 |

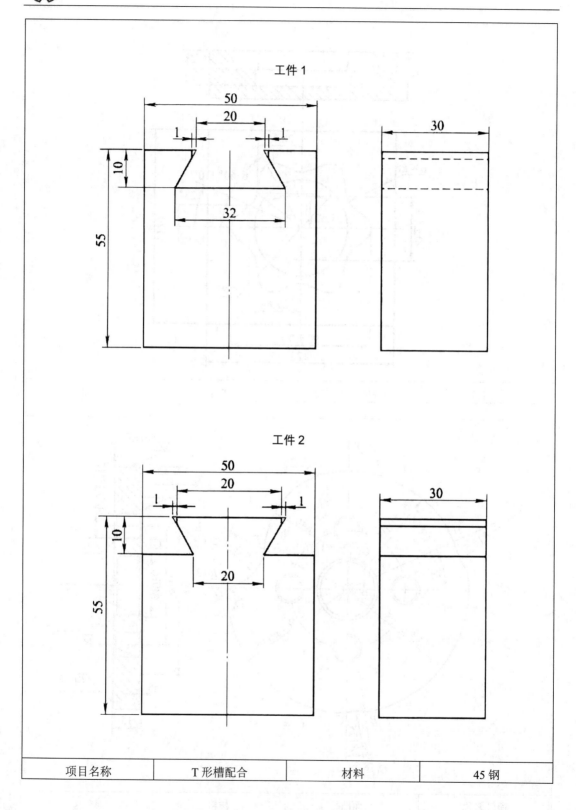

| 项目名称 | T形槽配合 | 材料 | 45钢 |

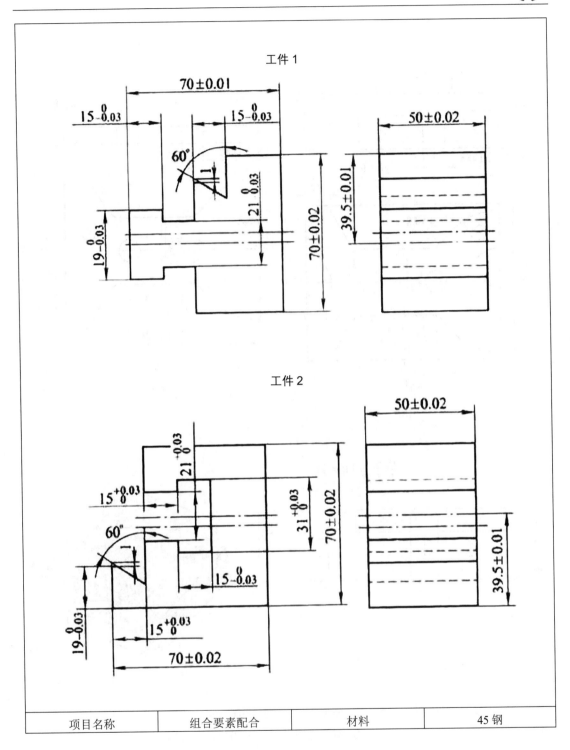

项目名称	组合要素配合	材料	45钢

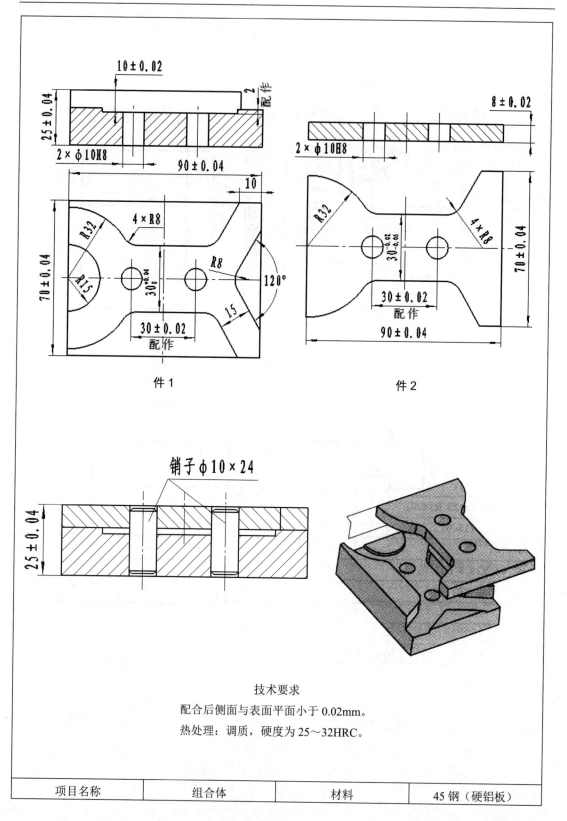

技术要求
配合后侧面与表面平面小于 0.02mm。
热处理：调质，硬度为 25～32HRC。

| 项目名称 | 组合体 | 材料 | 45 钢（硬铝板） |

项目三 数控加工中心训练

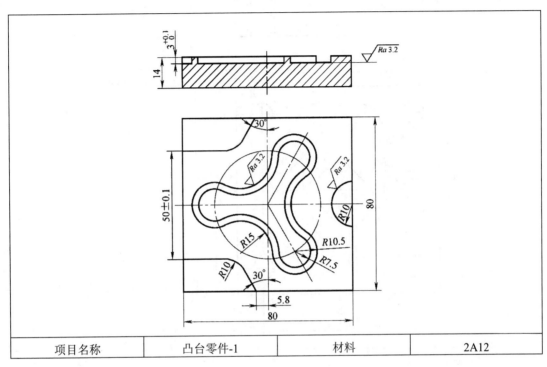

| 项目名称 | 凸台零件-1 | 材料 | 2A12 |

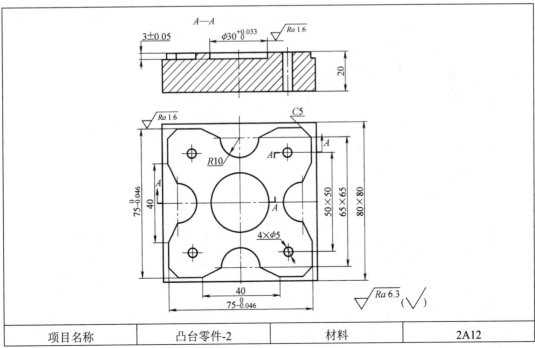

| 项目名称 | 凸台零件-2 | 材料 | 2A12 |

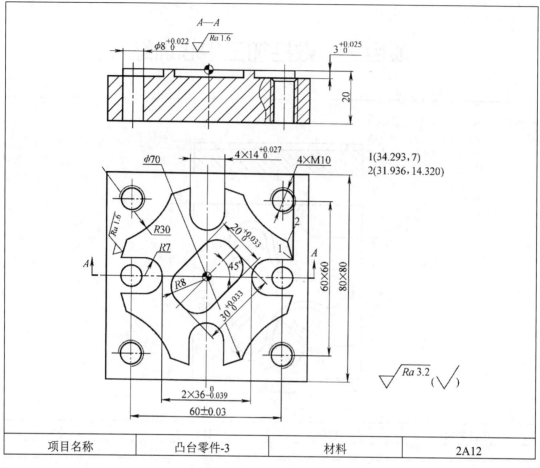

| 项目名称 | 凸台零件-3 | 材料 | 2A12 |

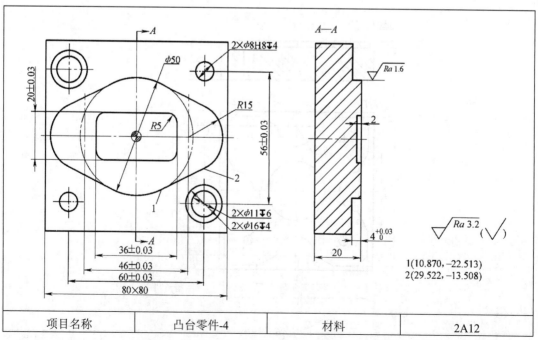

| 项目名称 | 凸台零件-4 | 材料 | 2A12 |

模块五 课程设计训练

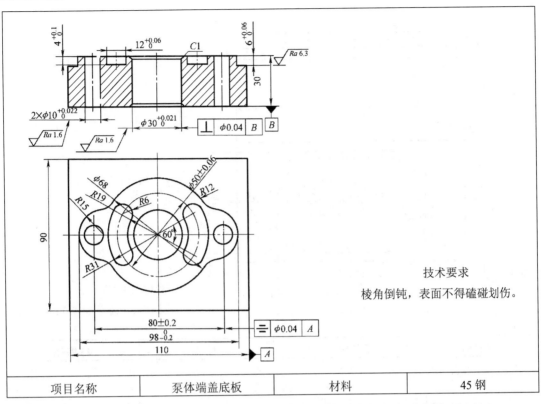

项目名称	泵体端盖底板	材料	45钢

技术要求

棱角倒钝，表面不得磕碰划伤。

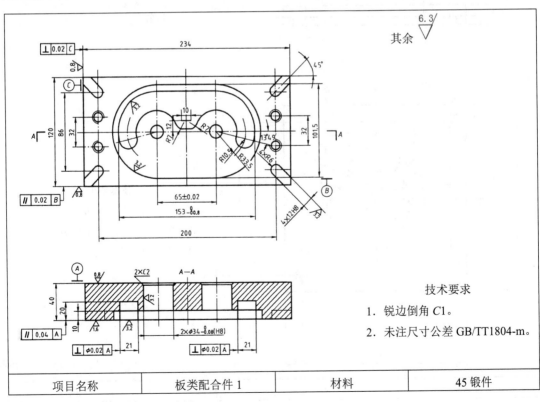

项目名称	板类配合件1	材料	45锻件

技术要求

1. 锐边倒角 C1。
2. 未注尺寸公差 GB/TT1804-m。

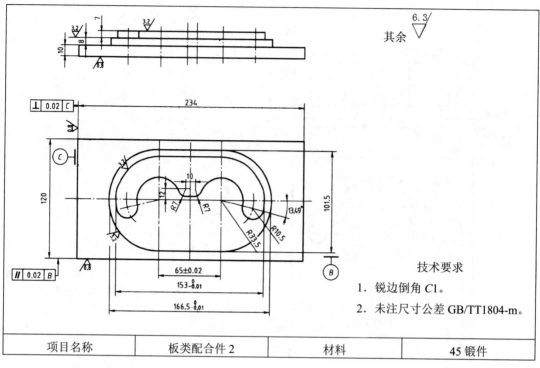

| 项目名称 | 板类配合件2 | 材料 | 45锻件 |

技术要求

1. 锐边倒角 C1。
2. 未注尺寸公差 GB/TT1804-m。

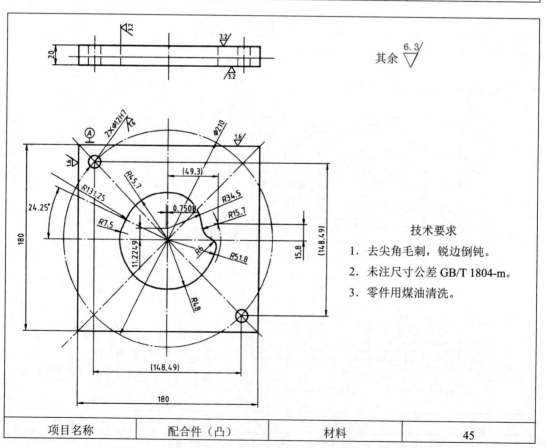

| 项目名称 | 配合件（凸） | 材料 | 45 |

技术要求

1. 去尖角毛刺，锐边倒钝。
2. 未注尺寸公差 GB/T 1804-m。
3. 零件用煤油清洗。

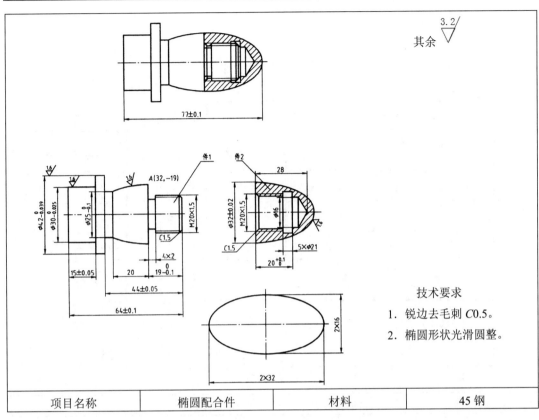

| 项目名称 | 椭圆配合件 | 材料 | 45钢 |

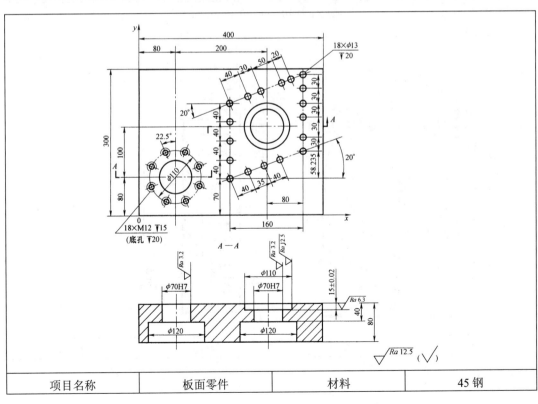

| 项目名称 | 板面零件 | 材料 | 45钢 |

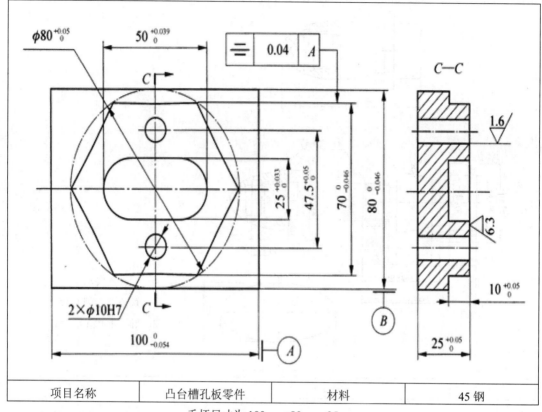

| 项目名称 | 凸台槽孔板零件 | 材料 | 45 钢 |

毛坯尺寸为 100mm×80mm×25mm

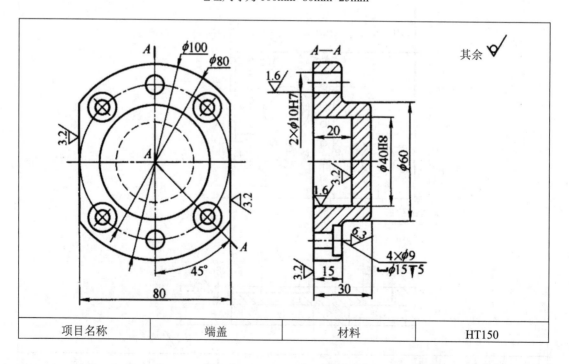

| 项目名称 | 端盖 | 材料 | HT150 |

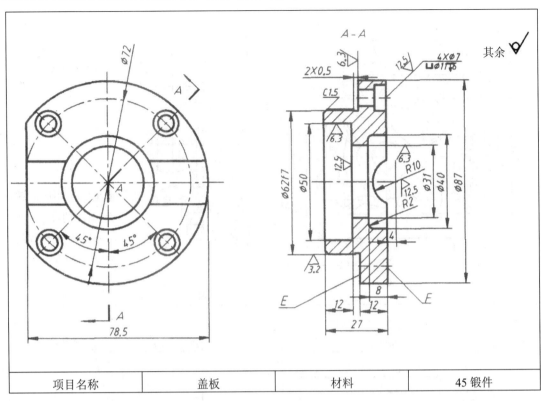

| 项目名称 | 盖板 | 材料 | 45锻件 |

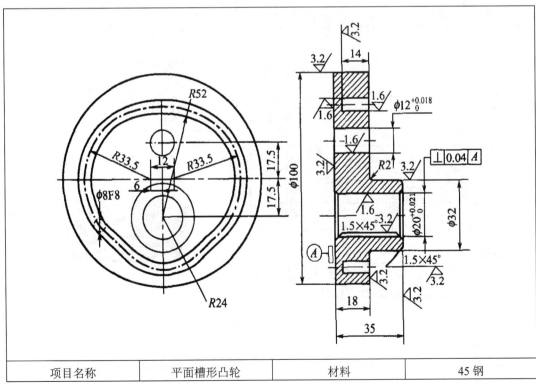

| 项目名称 | 平面槽形凸轮 | 材料 | 45钢 |

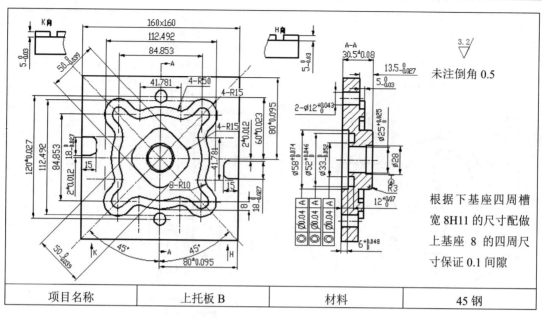

| 项目名称 | 上托板 B | 材料 | 45 钢 |

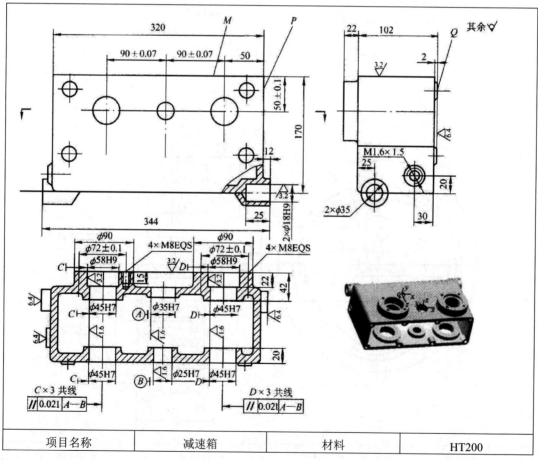

| 项目名称 | 减速箱 | 材料 | HT200 |

模块五 课程设计训练

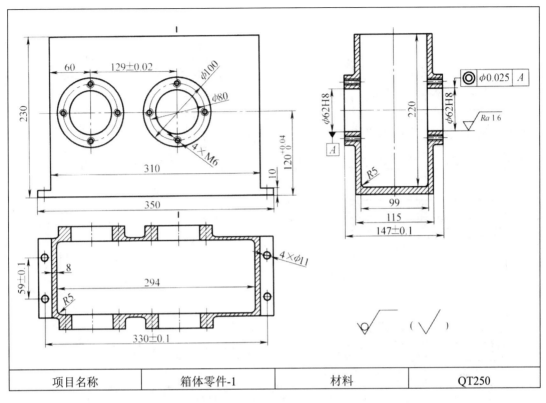

| 项目名称 | 箱体零件-1 | 材料 | QT250 |

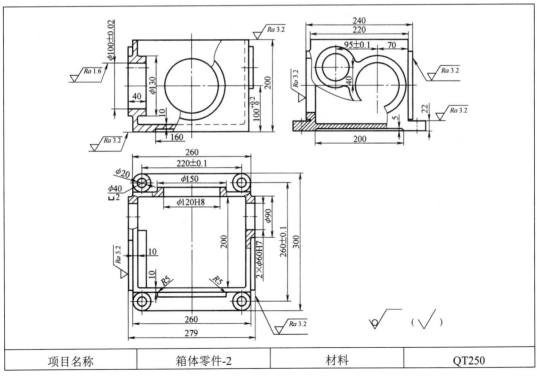

| 项目名称 | 箱体零件-2 | 材料 | QT250 |

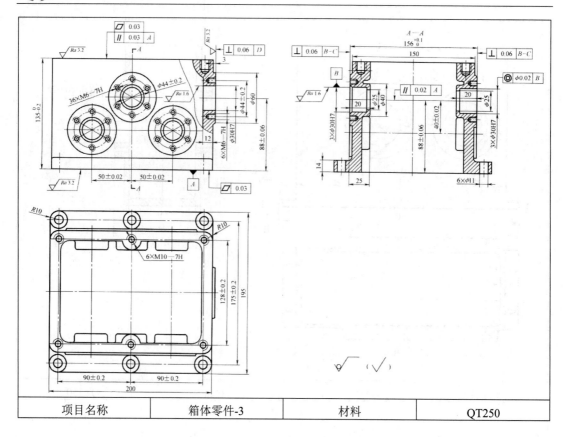

参 考 文 献

[1] 刘永利. 数控加工工艺[M]. 北京：机械工业出版社，2012.
[2] 杨丰. 数控加工工艺[M]. 北京：机械工业出版社，2012.
[3] 杨天云. 数控加工工艺[M]. 北京：北京交通大学出版社，2013.
[4] 张秀珍. 数控加工课程设计指导[M]. 北京：机械工业出版社，2012.
[5] 陈建军. 数控铣床与加工中心操作与编程训练及实例[M]. 北京：机械工业出版社，2008.
[6] 王灿，张改新. 数控加工基本实训教程[M]. 北京：机械工业出版社，2007.
[7] 蔡继红. 车工技能训练与考级[M]. 北京：机械工业出版社，2009.
[8] 韦富基，李振尤. 零件数控车削加工[M]. 北京：北京理工大学出版社，2009.
[9] 谷育红. 数控铣削加工技术[M]. 2版. 北京：北京理工大学出版社，2009.
[10] 戴起勋，赵玉涛，等. 科技创新与论文写作[M]. 2版. 北京：机械工业出版社，2012.
[11] 周虹. 使用数控车床的零件加工[M]. 北京：高等教育出版社，2016.
[12] 腾宏春. 模具零件数控加工技术[M]. 北京：高等教育出版社，2013.
[13] 翟雁，杨丽. 数控加工技术[M]. 广州：华南理工大学出版社，2014.

附录 A 课程设计说明书

附录 A-1 课程设计说明书封面

数控加工工艺课程设计说明书

设计题目 _____

成绩_____

班级_____

学号_____

指导教师_____

设计日期   年   月   日至   年   月   日

附录 A-2　课程设计说明书目录

目　　录

1. 课程设计任务书
2. 绪论
3. 零件图技术分析
4. 零件工艺分析
5. 确定零件加工方案（工艺过程卡）
6. 确定适合数控加工的工序内容
7. 数控加工工序设计
8. 设计总结
9. 参考文献

附录 A-3　课程设计任务书

课程设计任务书

零件图：

设计要求：

附录 A-4　标题栏参考格式

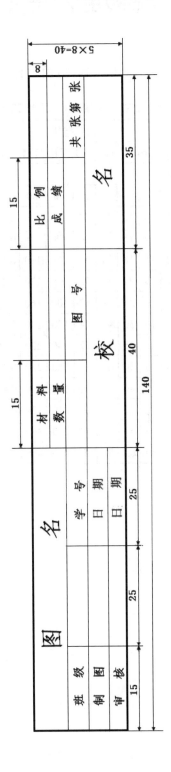

附录 B 标准公差数值表

常用尺寸（≤500mm）的标准公差数值（摘自 GB/T 1800.1—2009）

表 B-1 标准公差数值（摘自 GB/T 1800.3—1998）

基本尺寸 /mm		公差等级																		
大于	至	IT01	IT0	IT1	IT2	IT3	IT4	IT5	IT6	IT7	IT8	IT9	IT10	IT11	IT12	IT13	IT14	IT15	IT16	IT7	IT18
		μm													mm						
	3	0.3	0.5	0.8	1.2	2	3	4	6	10	14	25	40	60	0.10	0.14	0.25	0.40	0.60	1.0	1.4
3	6	0.4	0.6	1	1.5	2.5	4	5	8	12	18	30	48	75	0.12	0.18	0.30	0.48	0.75	1.2	1.8
6	10	0.4	0.6	1	1.5	2.5	4	6	9	15	22	36	58	90	0.15	0.22	0.36	0.58	0.90	1.5	2.2
10	18	0.5	0.8	1.2	2	3	5	8	11	18	27	43	70	110	0.18	0.27	0.43	0.70	1.10	1.8	2.7
18	30	0.6	1	1.5	2.5	4	6	9	13	21	33	52	84	130	0.21	0.33	0.52	0.84	1.30	2.1	3.3
30	50	0.6	1	1.5	2.5	4	7	11	16	25	39	62	100	160	0.25	0.39	0.62	1.00	1.60	2.5	3.9
50	80	0.8	1.2	2	3	5	8	13	19	30	46	74	120	190	0.30	0.46	0.74	1.20	1.90	3.0	4.6
80	120	1	1.5	2.5	4	6	10	15	22	35	54	87	140	220	0.35	0.54	0.87	1.40	2.20	3.50	5.4
120	180	1.2	2	3.5	5	8	12	18	25	40	63	100	160	250	0.40	0.63	1.00	1.60	2.50	4.0	6.3
180	250	2	3	4.5	7	10	14	20	29	46	72	115	185	290	0.46	0.72	1.15	1.85	2.90	4.6	7.2
250	315	2.5	4	6	8	12	16	23	32	52	81	130	210	320	0.52	0.81	1.30	2.10	3.20	5.2	81
315	400	3	5	7	9	13	18	25	36	57	89	140	230	360	0.57	0.89	1.40	2.30	3.60	5.7	8.9
400	500	4	6	8	10	15	20	27	40	63	97	155	250	400	0.63	0.97	1.55	2.50	4.00	6.3	9.7

附录 C 毛坯的制造方法及其工艺特点

	毛坯制造方法	最大质量/kg	最小壁厚/mm	形状的复杂性	材料	生产类型	精度等级（IT）	毛坯尺寸公差/mm	表面粗糙度	其他特点
铸造	木模手工砂型	不限制	3～5	最复杂	铁碳合金、有色金属及其合金	单件及小批生产	14～16	1～8		余量大，一般为1～10mm，由砂眼和气泡形成的废品率高，表面有结砂硬皮，且结构颗粒大；适用于铸造大件；生产效率很低
	金属模机械砂型	250	3～5	最复杂	铁碳合金、有色金属及其合金	大批及大量生产	14级左右	1～3		生产率比手工制砂型高几倍至十几倍；设备复杂，但工人的技术水平要求低；适于制造中小型铸件
	金属型浇铸	100	1.5	简单或平常	铁碳合金、有色金属及其合金	大批及大量生产	11～12	0.1～0.5	12.5	生产率高，可免去每次制型；单边余量一般为1～8mm；结构细密，能承受大压力；占用生产面积小
	离心铸造	通常200	3～5	主要是旋转体	铁碳合金、有色金属及其合金	大批及大量生产	15～16	1～8	12.5	生产率高，每件只需要2～5min；力学性能好且少砂眼；壁厚均匀；不需型芯和浇铸系统

续表

毛坯制造方法		最大质量/kg	最小壁厚/mm	形状的复杂性	材料	生产类型	精度等级(IT)	毛坯尺寸公差/mm	表面粗糙度	其他特点
铸造	压铸	10~6	0.5（锌）10（其他合金）	由模具制造难度决定	锌、铝、镁、铜、锡、铅等有色金属的合金	大批及大量生产	11~12	0.05~0.15	6.3	生产率高，每小时可达50~500件；设备昂贵；可直接制造零件或仅需少量加工
	熔模铸造	小型零件	0.8	非常复杂	适于切削困难的材料	单件及成批生产		0.05~0.2	2.5	占用生产面积小，每套设备约占30~40m²；便于组织流水线生产，能好，铸造延续时间长，铸件可不经加工
	壳模铸造	200	1.5	复杂	铁和有色金属	小批至大量生产	12~14		12.5~6.3	生产率高，一个制砂工每班可生产0.5~1.7t；外表面余量0.25~0.5mm；孔余量最小0.08~0.25mm；便于自动化与干组织无硬皮
锻造	自由锻造	不限制	不限制	简单	碳素钢、合金钢	单件及小批生产	14~16	1.5~10		生产率低且需要高级技工；余量大，为3~30mm；适用于机械修理厂和重型机械厂的铸造车间
	模锻（锻锤）	通常至100	2.5	由锻模铸造难度而定	碳素钢、合金钢	成批及大量生产	12~14	0.4~2.5	12.5	生产率高且不需高级技工；材料消耗小，锻件力学性能好

续表

毛坯制造方法		最大质量/kg	最小壁厚/mm	形状的复杂性	材料	生产类型	精度等级(IT)	毛坯尺寸公差/mm	表面粗糙度	其他特点
锻造	模锻（卧式锻造机）	通常至100	2.5	由锻模铸造难度而定	碳素钢、合金钢	成批及大量生产	12～14	0.4～2.5	12.5	生产率高，每小时产量达300～900件，材料损耗约占1%（不计火耗）；压力不与地面垂直，对地基要求不高；可锻制长毛坯
	精密锻造	通常至100	1.5	由锻模铸造难度而定	碳素钢、合金钢	成批及大量生产	11～12	0.05～0.1	6.3～3.2	稍压后的锻件可以不经机械加工或直接进行精加工
焊接	熔化焊	不限制	电焊：1 电弧焊：2 电渣焊：40	简单	碳素钢、合金钢	单件及成批生产	14～16	1～8	12.5	制造简单，节约金属，减轻结构重量；生产周期短，焊接结构抗振性差、热变形大，且有残余内应力，需时效处理
	压焊		≤12							
型材	热轧	圆钢直径范围 $\phi10\sim\phi250$		圆钢、方钢、扁钢、角钢、槽钢、六角钢	碳素钢、合金钢	各种	14～16	1～2.5	12.5～6.3	普通精度，价格便宜
	冷拉	圆钢直径范围 $\phi30\sim\phi60$				大批量			3.2～1.6	精度高，表面粗糙度值小，但价格约比热轧钢高10%～40%，需用自动车床和转塔车床，送料及夹紧方便

续表

毛坯制造方法	最大质量/kg	最小壁厚/mm	形状的复杂性	材料	生产类型	精度等级（IT）	毛坯尺寸公差/mm	表面粗糙度	其他特点
冷挤压	小型零件		简单	碳钢、合金钢、有色金属	大批量	6~7	0.02~0.05	▽1.6~▽0.8	用于精度高的小零件，可不需再经机械加工
粉末冶金	尺寸范围：宽 5~20mm 高 4~40mm		简单	铁基、钢基	大批量	6~9	0.02~0.05	▽0.4~▽0.1	成型后可不切削，材料损失少，工艺设备简单，但生产成本高
冲压 板料冷冲压	板料厚度：0.2~6mm		复杂	各种板料	大批量	9~12	0.05~0.5	▽1.6~▽0.8	生产率很高；对工人技术水平要求低；便于自动化；毛坯重量轻，减小材料消耗；压制厚壁制件困难

附录D 加 工 余 量

加工余量有关参数如表D-1～表D-11所示。

表D-1 带孔圆盘类自由锻件的机械加工余量及公差（GB/T 21470—2008）

（单位：mm）

零件直径D		零件高度H														
		大于	0			40			63			100			160		
		至	40			63			100			160			200		
		加工余量a, b, c 与极限偏差															
		a	b	c	a	b	c	a	b	c	a	b	c	a	b	c
		锻件精度等级 F															
大于	至															
63	100	6±2	6±2	9±3	6±2	6±2	9±3	7±2	7±2	11±4	8±3	8±3	12±5			
100	160	7±2	6±2	11±4	7±2	6±2	11±4	8±3	7±2	12±5	8±3	8±3	12±5	9±3	9±3	14±6
160	200	8±3	6±2	12±5	8±3	7±2	12±5	8±3	8±3	12±5	9±3	9±3	14±6	10±4	10±4	15±6
200	250	9±3	7±2	14±6	9±3	7±2	14±6	9±3	8±3	14±6	10±4	9±3	15±6	11±4	10±4	17±7
250	315	10±4	8±3	15±6	10±4	8±3	15±6	14±4	9±3	15±6	11±4	10±4	17±7	12±5	11±4	18±8
315	400	12±5	9±3	18±8	12±5	9±3	18±8	12±5	10±4	18±8	13±5	11±4	20±8	14±6	12±5	21±9
400	500				14±6	10±4	21±9	14±6	11±4	21±9	15±6	12±5	23±10	16±7	14±6	24±10
500	600				17±7	13±5	26±11	18±8	14±6	27±12	19±8	15±6	29±13	20±8	16±7	30±13
大于	至	锻件精度等级 E														
63	100	4±2	4±2	6±2	4±2	4±2	6±2	5±2	5±2	8±3	7±2	7±2	11±4			
100	160	5±2	4±2	8±3	5±2	5±2	8±3	6±2	6±2	9±3	6±2	7±2	9±3	8±3	8±3	12±5
160	200	6±2	5±2	9±3	6±2	6±2	9±3	6±2	7±2	9±3	7±2	8±3	11±4	8±3	9±3	12±5

续表

大于	至	锻件精度等级 E													
200	250	6±2	6±2	9±3	7±2	6±2	11±4	7±2	7±2	11±4	8±3	8±3	12±5	9±3	10±4	14±6
250	315	8±3	7±2	12±5	8±3	8±3	12±5	8±3	8±3	12±5	9±3	9±3	14±6	10±4	10±4	15±6
315	400	10±4	8±3	15±6	10±4	8±3	15±6	10±4	9±3	15±6	11±4	10±4	17±7	12±5	12±5	18±8
400	500				12±5	10±4	18±8	12±5	11±4	18±8	13±5	12±5	20±8	14±6	13±5	21±9
500	600				16±7	12±5	24±10	16±7	13±5	24±10	17±7	14±6	26±11	18±8	15±6	27±12

零件直径 D	零件高度 H														
	大于	200			250			315			400			500		
	至	250			315			400			500			600		
	加工余量 a，b，c 与极限偏差															
		a	b	c	a	b	c	a	b	c	a	b	c	a	b	c

大于	至	锻件精度等级 F													
63	100															
100	160	11±4	11±4	17±7												
160	200	12±5	12±5	18±8	13±5	13±5	20±8									
200	250	12±5	12±5	18±8	14±6	14±6	21±9	16±7	16±7	24±10						
250	315	13±5	12±5	20±8	14±6	14±6	21±9	16±7	16±7	24±10	18±8	18±8	27±12			
315	400	15±6	13±5	23±10	16±7	15±6	24±10	18±8	18±8	27±12	20±8	20±8	30±13	23±10	23±10	35±15
400	500	17±7	15±6	26±11	18±8	17±7	27±12	20±9	19±8	30±13	23±10	23±10	35±15	26±11	26±11	39±17
500	600	21±9	17±7	32±14	22±9	19±8	33±14	23±10	22±9	35±15	26±11	25±11	39±17	30±13	30±13	45±20

大于	至	锻件精度等级 E													
63	100															
100	160	10±4	10±4	15±6												
160	200	10±4	10±4	15±6	12±5	12±5	18±8									
200	250	10±4	11±4	15±6	12±5	12±5	18±8	14±6	14±6	21±9						
250	315	11±4	12±5	17±7	12±5	13±5	18±8	15±6	15±6	23±10	17±7	17±7	26±11			
315	400	13±5	13±5	20±8	14±6	14±6	21±9	16±7	17±7	24±10	19±8	19±8	29±13	22±9	22±9	33±14
400	500	15±6	14±6	23±10	16±7	16±7	24±10	19±8	18±8	29±17	22±9	22±9	33±14	25±11	25±11	38±17
500	600	18±8	17±7	29±13	20±8	19±8	30±13	23±10	22±9	35±15	26±11	25±11	39±17	30±13	30±13	45±20

注：1. 本标准规定了带孔圆盘类自由锻件的机械加工余量与公差。

2. 本标准使用于零件尺寸符合 $0.1D \leqslant H \leqslant 1.5D$、$d \leqslant 0.5D$ 的带孔圆盘类自由锻件。

表 D-2　盘、柱类自由锻件机械加工余量与公差（GB/T 21470—2008）

（单位：mm）

$H<1.5D$　　　$H<0.5D$　　　$H<1.5D\ d<0.5D$

零件尺寸 D（或 A，S）		零件高度 H																		
		大于 0		40		63		100		160		200		250		315		400		500
		至 40		63		100		160		200		250		315		400		500		600
		加工余量 a, b 与极限偏差																		
		a	b	a	b	a	b	a	b	a	b	a	b	a	b	a	b	a	b	a	b
大于	至	锻件精度等级 F																		
63	100	6±2	6±2	6±2	6±2	7±2	7±2	8±3	8±3	9±3	9±3	10±4	10±4								
100	160	7±2	6±2	7±2	6±2	8±3	7±2	8±3	8±3	9±3	9±3	10±4	10±4	12±5	12±5	14±6	14±6				
160	200	8±3	6±2	8±3	7±2	8±3	8±3	9±3	9±3	10±4	10±4	11±4	11±4	12±5	12±5	14±6	14±6	16±7	16±7		
200	250	9±3	7±2	9±3	7±2	9±3	8±3	10±4	9±3	11±4	10±4	12±5	12±5	13±5	13±5	15±6	15±6	18±8	18±8	20±8	20±8
250	315	10±4	8±3	10±4	8±3	10±4	9±3	11±4	10±4	12±5	11±4	13±5	12±5	14±6	14±6	16±7	16±7	19±8	19±8	22±9	22±9
315	400	12±5	9±3	12±5	9±3	12±5	10±4	13±5	11±4	14±6	12±5	15±6	13±5	16±7	15±6	18±8	18±8	21±9	21±9	24±10	24±10
400	500			14±6	10±4	14±6	11±4	15±6	12±5	16±7	14±6	17±7	15±6	18±8	17±7	20±9	19±8	23±10	23±10	27±12	27±12
500	600			17±7	13±5	18±8	14±6	19±8	15±6	20±8	16±7	21±	17±7	22±9	19±8	23±10	22±9	26±11	25±11	30±13	30±13
大于	至	锻件精度等级 E																		
63	100	4±2	4±2	4±2	4±2	5±2	5±2	6±2	6±2	7±2	8±3	8±3									
100	160	5±2	4±2	5±2	5±2	6±2	6±2	6±2	7±2	7±2	8±3	8±3	10±1	10±1	10±4	12±5	12±5				
160	200	6±2	5±2	6±2	6±2	7±2	7±2	8±3	8±3	9±3	9±3	10±4	11±4	12±5	13±5	13±5	14±6	14±6			
200	250	6±2	6±2	7±2	6±2	7±2	7±2	8±3	8±3	9±3	10±4	10±4	11±4	11±4	12±5	13±5	14±6	15±6	16±7	18±8	18±8
250	315	8±3	7±2	8±3	8±3	8±3	8±3	9±3	10±4	10±4	11±4	11±4	12±5	12±5	13±5	14±6	15±6	17±7	18±8	20±8	20±8
315	400	10±4	8±3	10±4	8±3	10±4	9±3	11±4	11±4	12±5	12±5	13±5	13±5	14±6	14±	16±7	17±7	19±8	20±8	23±10	24±10
400	500			12±5	10±4	12±5	11±4	13±5	12±5	14±6	13±5	15±6	14±6	16±6	15±6	17±7	17±7	19±8	18±8	22±9	22±9	26±11	26±11
500	600			16±7	12±5	16±7	13±5	17±7	14±6	18±8	15±6	19±8	16±7	20±8	19±8	23±10	22±9	26±11	25±11	30±13	30±13

注：1. 本标准规定了圆形、矩形（$A_1/A_2 \leq 2.5$），六角形的盘、柱类自由锻件的机械加工余量与公差。

　　2. 本标准适用零件尺寸符合 $0.1D \leq H \leq D$（或 A，S）盘类、$D < H \leq 2.5D$（或 A，S）柱类的自由锻件。

表 D-3 车削外圆的加工余量

(单位：mm)

直径尺寸	直径余量				直径公差等级	
	粗车		精车		荒车	粗车
	长度					
	≤200	>200~400	≤200	>200~400		
≤10	1.5	1.7	0.8	1.0	IT14	IT12~13
>10~18	1.5	1.7	1.0	1.3		
>18~30	2.0	2.2	1.3	1.3		
>30~50	2.0	2.2	1.4	1.5		
>50~80	2.3	2.5	1.5	1.8		
>80~120	2.5	2.8	1.5	1.8		
>120~180	2.5	2.8	1.8	2.0		
>180~260	2.8	3.0	2.0	2.3		
>260~360	3.0	3.3	2.0	2.3		

表 D-4 磨削外圆的加工余量

(单位：mm)

直径尺寸	直径余量		直径公差等级	
	粗磨	精磨	精车	粗磨
≤10	0.2	0.1	IT11	IT9
>10~18	0.2	0.1		
>18~30	0.2	0.1		
>30~50	0.3	0.1		
>50~80	0.3	0.2		
>80~120	0.3	0.2		
>120~180	0.5	0.3		
>180~260	0.5	0.3		
>260~360	0.5	0.3		

表 D-5 磨削端面的加工与余量

(单位：mm)

工作长度	端面的磨削余量			精车端面后的尺寸公差等级
	端面最大尺寸			
	≤30	>30~120	120~260	
≤10	0.2	0.2	0.3	IT10~11
>10~18	0.2	0.3	0.3	
>18~30	0.2	0.3	0.3	
>30~50	0.2	0.3	0.3	
>50~80	0.3	0.3	0.4	
>80~120	0.3	0.3	0.5	
>120~180	0.3	0.4	0.5	
>180~260	0.3	0.5	0.5	

表 D-6 拉削内孔的加工余量

（单位：mm）

直径尺寸	直径余量			前工序的公差等级
	拉孔长度			
	~25	>25~45	>45~120	
~18	0.5	0.5	0.5	IT11
>18~30	0.5	0.5	0.7	
>30~38	0.5	0.7	0.7	
>38~50	0.7	0.7	1.0	
>50~60	0.7	1.0	1.0	

表 D-7 镗削内孔的加工余量

（单位：mm）

直径尺寸	直径余量		直径公差等级	
	粗镗	精镗	钻孔	粗镗
≤18	0.8	0.5	IT12~13	IT11~12
>18~30	1.2	0.5		
>30~50	1.5	1.0		
>50~80	2.0	1.0		
>80~120	2.0	1.3		
>120~180	2.0	1.5		

表 D-8 磨削内孔的加工余量

（单位：mm）

直径尺寸	直径余量		直径公差等级	
	粗磨	精磨	精镗	粗磨
>10~18	0.2	0.1	IT10	IT9
>18~30	0.2	0.1		
>30~50	0.2	0.1		
>50~80	0.3	0.1		
>80~120	0.3	0.2		
>120~180	0.3	0.2		

表 D-9 精车端面的加工余量

（单位：mm）

工件长度	端面的精车余量			粗车端面后的尺寸公差等级
	端面的最大尺寸			
	≤30	>30~120	>120~260	
≤10	0.5	0.6	1.0	IT12~13
>10~18	0.5	0.7	1.0	
>18~30	0.6	1.0	1.2	

续表

工件长度	端面的精车余量			粗车端面后的尺寸公差等级
	端面的最大尺寸			
	≤30	>30～120	>120～260	
>30～50	0.6	1.0	1.2	IT12～13
>50～80	0.7	1.0	1.3	
>80～120	1.0	1.0	1.3	
>120～180	1.0	1.3	1.5	
>180～260	1.0	1.3	1.5	

表 D-10 在实体材料上的孔加工方式及加工余量

（单位：mm）

加工孔的直径	直径							
	钻		粗加工		半精加工		精加工	
	第一次	第二次	粗镗	扩孔	粗铰	半精镗	精铰	精镗
3	2.9	—	—	—	—	—	3	—
4	3.9	—	—	—	—	—	4	—
5	4.8	—	—	—	—	—	5	—
6	5.0	—	—	5.85	—	—	6	—
8	7.0	—	—	7.85	—	—	8	—
10	9.0	—	—	9.85	—	—	10	—
12	11.0	—	—	11.85	11.95	—	12	—
13	12.0	—	—	12.85	12.95	—	13	—
14	13.0	—	—	13.85	13.95	—	14	—
15	14.0	—	—	14.85	14.95	—	15	—
16	15.0	—	—	15.85	15.95	—	16	—
18	17.0	—	—	17.85	17.95	—	18	—
20	18.0	—	19.8	19.8	19.95	19.90	20	20
22	20.0	—	21.8	21.8	21.95	21.90	22	22
24	22.0	—	23.8	23.8	23.95	23.90	24	24
25	23.0	—	24.8	24.8	24.95	24.90	25	25
26	24.0	—	25.8	25.8	25.95	25.90	26	26
28	26.0	—	27.8	27.8	27.95	27.90	28	28
30	15.0	28.0	29.8	29.8	29.95	29.90	30	30
32	15.0	30.0	31.7	31.75	31.93	31.90	32	32
35	20.0	33.0	34.7	34.75	34.93	34.90	35	35
38	20.0	36.0	37.7	37.75	37.93	37.90	38	38
40	25.0	38.0	39.7	39.75	39.93	39.90	40	40
42	25.0	40.0	41.7	41.75	41.93	41.90	42	42
45	30.0	43.0	44.7	44.75	44.93	44.90	45	45
48	36.0	46.0	47.7	47.75	47.93	47.90	48	48
50	36.0	48.0	49.7	49.75	49.93	49.90	50	50

表 D-11 已预先铸出或热冲出孔的工序间加工余量

(单位：mm)

加工孔的直径	直径 粗镗 第一次	直径 粗镗 第二次	半精镗	粗铰或二次精镗	粗镗	加工孔的直径	直径 粗镗 第一次	直径 粗镗 第二次	半精镗	粗铰或二次精镗	粗镗
30	—	28.0	29.8	29.93	30	85	80	83.0	84.3	84.85	85
32	—	30.0	31.7	31.93	32	88	83	86.0	87.3	87.85	88
35	—	33.0	34.7	34.93	35	90	85	88.0	89.3	89.85	90
38	—	36.0	3707	37.93	38	92	87	90.0	91.3	91.85	92
40	—	38.0	39.7	39.93	40	95	90	93.0	94.3	94.85	95
42	—	40.0	41.7	41.93	42	98	93	96.0	97.3	97.85	98
45	—	43.0	44.7	44.93	45	100	95	98.0	99.3	99.85	100
48	—	46.0	44.7	47.93	48	105	100	103.0	104.3	104.8	105
50	45	48.0	49.7	49.93	50	110	105	108.0	109.3	109.8	110
52	47	50.0	51.5	51.93	52	115	110	113.0	114.3	114.8	115
55	51	53.0	54.5	54.92	55	120	115	118.0	119.3	119.8	120
58	54	56.0	57.7	57.92	58	125	120	123.0	124.3	124.8	125
60	56	58.0	59.5	59.92	60	130	125	128.0	129.3	129.8	130
62	58	60.0	61.5	61.92	62	135	130	133.0	134.3	134.8	135
65	61	63.0	64.5	64.92	65	140	135	138.0	139.3	139.8	140
68	64	66.0	67.5	67.90	68	145	140	143.0	144.3	144.8	145
70	66	68.0	69.5	69.90	70	150	140	148.0	149.3	149.8	150
72	68	70.0	71.5	71.90	72	155	150	153.0	154.3	154.8	155
75	71	73.0	74.5	74.90	75	160	155	158.0	159.3	159.8	160
78	74	76.0	77.5	77.90	78	165	160	163.0	164.3	164.8	165
80	75	78.0	79.5	79.90	80	170	165	168.0	169.3	169.8	170
82	77	80.0	81.3	81.85	82	175	170	173.0	174.3	174.8	175
180	175	178.0	179.3	179.3	180	220	214	217.0	219.3	219.8	220
185	180	183.0	184.3	184.3	185	250	244	247.0	249.3	249.8	250
190	185	188.0	189.3	189.3	190	280	274	277.0	279.3	279.8	280
195	190	193.0	194.3	194.3	195	300	294	297.0	299.3	299.8	300
200	194	197.0	199.3	199.3	200	320	314	317.0	319.3	319.8	320
210	204	207.0	209.3	209.3	210	350	342	347.0	349.3	349.8	350

附录 E 切削用量

数控车削有关参数如表 E1-1～表 E1-3 所示。

表 E-1 数控车削用量推荐表

工件材料	加工内容	背吃刀量 a_p/mm	切削速度 v/(m·min^{-1})	进给量 f/(mm·r^{-1})	刀具材料
碳素钢 δ_b>600MPa	粗加工	5～7	60～80	0.2～0.4	YT 类
	粗加工	2～3	80～120	0.2～0.4	
	精加工	2～6	120～150	0.1～0.2	
	钻中心孔		500～800r.min^{-1}		W18Cr4V
	钻孔		～30	0.1～0.2	
	切断（宽度<5mm）		70～110	0.1～0.2	YT 类
铸铁 200HBW 以下	粗加工		50～70	0.2～0.4	YG 类
	精加工		70～100	0.1～0.2	
	切断（宽度<5mm）		50～70	0.1～0.2	

表 E-2 按表面粗糙度选择进给量的参考值

工件材料	表面粗糙度值 Ra/(μm)	切削速度范围 /(m/min)	刀尖圆弧半径 r_ε/mm		
			0.5	1.0	2.0
			进给量 f/(mm/r)		
铸铁、青铜、铝合金	10～5	不限	0.25～0.40	0.40～0.50	0.50～0.60
	5～2.5		0.15～0.25	0.25～0.40	0.40～0.60
	2.5～1.25		0.10～0.15	0.15～0.20	0.20～0.35
碳素钢及合金钢	10～5	<50	0.30～0.50	0.45～0.60	0.55～0.70
		>50	0.40～0.55	0.55～0.65	0.65～0.70
	5～2.5	<50	0.18～0.25	0.25～0.30	0.30～0.40
		>50	0.25～0.30	0.30～0.35	0.35～0.50
	2.5～1.25	<50	0.10	0.11～0.15	0.15～0.22
		50～100	0.11～0.16	0.16～0.25	0.25～0.35
		>100	0.16～0.20	0.20～0.25	0.25～0.35

表 E-3 铣削加工的切削速度参考值

工件材料	硬度（HBS）	v_c/(m/min)	
		高速钢铣刀	硬质合金铣刀
钢	<225	18~42	66~150
	225~325	12~36	54~120
	325~425	6~21	36~75
铸铁	<190	21~36	66~150
	190~260	9~18	45~90
	260~320	4.5~10	21~30

表 E-4 高速钢钻头加工铸铁的切削用量

切削用量 材料硬度 钻头直径/mm	160~200HBS		200~400HBS		300~400HBS	
	v_c/(m·min^{-1})	f/(mm·r^{-1})	v_c/(m·min^{-1})	f/(mm·r^{-1})	v_c/(m·min^{-1})	f/(mm·r^{-1})
1~6	16~24	0.07~0.12	10~18	0.05~0.1	5~12	0.03~0.08
6~12	16~24	0.12~0.2	10~18	0.1~0.18	5~12	0.08~0.15
12~22	16~24	0.2~0.4	10~18	0.18~0.25	5~12	0.15~0.2
22~50	16~24	0.4~0.8	10~18	0.25~0.4	5~12	0.2~0.3

注：采用硬质合金钻头加工铸铁时取 v_c=20~30m/min。

表 E-5 高速钢钻头加工钢件的切削用量

切削用量 材料硬度 钻头直径/mm	σ_b=520~700MPa （35、45钢）		σ_b=700~900MPa （15C_r、20C_r）		σ_b=1000~1100MPa （合金钢）	
	v_c/(m·min^{-1})	f/(mm·r^{-1})	v_c/(m·min^{-1})	f/(mm·r^{-1})	v_c/(m·min^{-1})	f/(mm·r^{-1})
1~6	8~25	0.05~0.1	12~30	0.05~0.1	8~15	0.03~0.08
6~12	8~25	0.1~0.2	12~30	0.1~0.12	8~15	0.08~0.15
12~22	8~25	0.2~0.3	12~30	0.2~0.3	8~15	0.15~0.25
22~50	8~25	0.3~0.45	12~30	0.3~0.45	8~15	0.25~0.35

表 E-6 高速钢铰刀铰孔的切削用量

切削用量 材料硬度 铰刀直径/mm	铸铁		钢及钢合金		铝钢及其合金	
	v_c/(m·min^{-1})	f/(mm·r^{-1})	v_c/(m·min^{-1})	f/(mm·r^{-1})	v_c/(m·min^{-1})	f/(mm·r^{-1})
6~10	2~6	0.3~0.5	1.2~5	0.3~0.4	8~12	0.3~0.5
10~15	2~6	0.5~1.0	1.2~5	0.4~0.5	8~12	0.5~1.0
15~25	2~6	0.8~1.5	1.2~5	0.5~0.6	8~12	0.8~1.5
25~40	2~6	0.5~1.5	1.2~5	0.4~0.6	8~12	0.8~1.5

注：采用硬质合金铰刀加工铸铁时取 v_c=8~10m/min，铰削铝材时 v_c=8~10m/min。

表 E-7 镗孔的切削用量

工序	切削用量 刀具	铸铁 v_c/(m·min^{-1})	铸铁 f/(mm·r^{-1})	钢及钢合金 v_c/(m·min^{-1})	钢及钢合金 f/(mm·r^{-1})	铝钢及其合金 v_c/(m·min^{-1})	铝钢及其合金 f/(mm·r^{-1})
粗镗	高速钢 硬质合金	20~25 35~50	0.4~1.5	15~30 50~70	0.35~0.7	100~150 100~250	0.5~1.5
半精镗	高速钢 硬质合金	20~35 50~70	0.15~0.45	15~50 95~135	0.15~0.45	100~200	0.2~0.5
精镗	高速钢 硬质合金	70~90	D1级<0.08D级 0.12~0.15	12~30	0.3~0.45	8~15	0.25~0.35

注：当采用高精度的镗头镗孔时，由于余量较小，直径余量不大于 0.2mm，因此切削速度可提高一些，铸铁件为 100~150m/min，钢件为 150~250m/min，铝合金为 200~400m/min，巴氏合金为 250~500 m/min，进给量为 0.03~0.1mm/r。

表 E-8 攻螺纹切削用量

加工材料	铸铁	钢及其合金	铝及其合金
v_c/(m·min^{-1})	2.5~5	1.5~5	5~15

附录 F 常用切削液选用表

加工类型		碳钢	合金钢	工件材料 不锈钢及耐热钢	铸铁及黄铜	青铜	铝及合金
车、铣及镗孔	粗加工	体积分数为 3%～5%乳化液	（1）体积分数为 5%～15%乳化液 （2）体积分数为 5%石墨或硫化乳化液 （3）体积分数为 5%氯化石蜡油制乳化液	（1）体积分数为 10%～30%乳化液 （2）体积分数为 10%硫化乳化液	（1）一般不用 （2）体积分数为 3%～5%乳化液	一般不用	（1）一般不用 （2）中性或含有流璃酸小于 4mg 的弱碱性乳化液
	精加工	（1）石墨化或硫化乳化液 （2）体积分数为 5%乳化液（高速时） （3）体积分数为 10%～15%乳化液（低速时）		（1）氧化煤油 （2）煤油体积分数为 75%、油酸或植物油体积分数为 25% （3）煤油体积分数为 60%、松节油体积分数为 20%、油酸体积分数为 20%	黄铜一般不用，铸铁用煤油	体积分数为 7%～10%乳化液	（1）煤油 （2）松节油 （3）煤油与矿物油的混合物
切断及切槽		（1）体积分数为 15%～20%乳化液 （2）硫化乳化液 （3）活性矿物油 （4）硫化油		（1）氧化煤油 （2）煤油体积分数为 75%、油酸或植物油体积分数为 25% （3）硫化油体积分数为 85%～87%、油酸或植物油体积分数为 13%～15%	（1）体积分数为 7%～10%乳化液 （2）硫化乳化液	体积分数为 7%～10%乳化液	

续表

加工类型	工件材料					
	碳钢	合金钢	不锈钢及耐热钢	铸铁及黄铜	青铜	铝及合金
钻孔及扩镗孔	体积分数为7%乳化液	体积分数为7%硫化乳化液	(1) 体积分数为3%肥皂+体积分数为2%亚麻油（不锈钢钻孔、不锈钢镗孔） (2) 硫化切削油	(1) 一般不用 (2) 煤油（由于铸铁） (3) 菜油（由于黄铜）	(1) 体积分数为7%~10%乳化液 (2) 硫化乳化液	(1) 一般不用 (2) 煤油 (3) 煤油与菜油的混合油
铰孔	(1) 硫化乳化液 (2) 体积分数为10%~15%极压乳化液 (3) 硫化油与煤油混合油	(1) 硫化乳化液 (2) 体积分数为10%~15%极压乳化液（中速）	(1) 体积分数为10%乳化液或硫化切削油 (2) 含氯化磷切削油	菜油（由于黄铜）	(1) 2号锭子油 (2) 2号锭子油与蓖麻油的混合油 (3) 煤油与菜油的混合物	(1) 硫化油体积分数为30%、煤油体积分数为15%、2号或3号锭子油体积分数为55%
车螺纹	(1) 硫化乳化液 (2) 氧化煤油 (3) 煤油体积分数为75%、油酸或植物油体积分数为25% (4) 硫化切削油 (5) 变压器油体积分数为70%、氯化石蜡体积分数为30%	(1) 硫化煤油 (2) 氧化煤油 (3) 煤油体积分数为60%、松节油体积分数为20%、油酸体积分数为20% (4) 硫化油体积分数为25%、煤油体积分数为60%、油酸体积分数为15% (5) 四氯化碳体积分数为90%、猪油或菜油体积分数为10%		(1) 一般不用（铸铁） (2) 煤油（铸铁） (3) 菜油（黄铜）	(1) 一般不用 (2) 菜油	(1) 硫化油体积分数为30%、煤油体积分数为15%、2号或3号锭子油体积分数为55% (2) 硫化油体积分数为30%、油酸体积分数为25%